AF360428

INSTRUCTION SOMMAIRE

POUR LA

CULTURE DU TABAC

DANS LES

DÉPARTEMENTS ET LES COLONIES DE LA FRANCE

ADMIS AU BÉNÉFICE DE CETTE CULTURE

Par Aug. PETIT-LAFITTE

Professeur d'Agriculture,
chargé de l'inspection agricole du département de la Gironde.

2ᵉ ÉDITION

À PARIS

LIBRAIRIE AGRICOLE DE LA MAISON RUSTIQUE
Rue Jacob, 26.

A BORDEAUX

LIBRAIRIE MAISON LAFARGUE
Rue du Pas Saint-Georges, 28.

1863

CULTURE DU TABAC

INSTRUCTION SOMMAIRE

POUR LA

CULTURE DU TABAC

DANS LES

DÉPARTEMENTS ET LES COLONIES DE LA FRANCE

ADMIS AU BÉNÉFICE DE CETTE CULTURE

Par Aug. PETIT-LAFITTE

Professeur d'Agriculture,
chargé de l'inspection agricole du département de la Gironde.

2ᵉ ÉDITION

A PARIS

LIBRAIRIE AGRICOLE DE LA MAISON RUSTIQUE
Rue Jacob, 26.

A BORDEAUX

LIBRAIRIE MAISON LAFARGUE
Rue du Pas Saint-Georges, 28.

1863

AVANT-PROPOS.

—

Un décret, en date du 17 Novembre 1854, ayant concédé au département de la Gironde le bénéfice de la culture du tabac, nous crûmes faire une chose utile en publiant alors un petit ouvrage, sous le titre : *Instruction sommaire pour la culture du tabac*, etc... Un certain nombre d'exemplaires de cet ouvrage nous étant restés, nous eûmes l'idée de les remettre à Paris, à la librairie agricole, et c'est le placement facile qu'ils y trouvèrent qui nous conduit aujourd'hui à donner une deuxième édition de ce livre.

Dans cette seconde édition, nous avons beaucoup agrandi le ressort que nous comptions embrasser d'abord. Aujourd'hui, effectivement, nous adressons notre ouvrage à tous les départements et à toutes les colonies de France, admis au bénéfice de la culture du tabac.

Il est évident que, si les principes que nous avons d'abord posés, étaient justes et applicables pour une localité, il doit en être de même pour toutes les autres : sauf les modifications de lieux, dont l'appréciation constitue une des principales dépendance de l'art agricole.

C'est donc avec confiance que nous offrons aux planteurs de tabac cette courte Instruction ; nous estimant heureux s'ils y trouvent, comme nous en avons l'espoir, des indications pour une culture, si non difficile, au moins assez exigeante en soins, en pratiques, en observations diverses, et généralement peu connue.

INSTRUCTION SOMMAIRE

pour la

CULTURE DU TABAC

DANS LES DÉPARTEMENTS ET LES COLONIES DE LA FRANCE

Admis au bénéfice de cette culture.

INTRODUCTION

Le tabac est originaire du Nouveau-Monde ; c'est une plante que ne connaissaient pas les anciens et qu'ils ne pouvaient connaître, pas plus que les modernes, avant les découvertes de Christophe Colomb. D'après don Barthélemy de Lascazes, dans son *Histoire générale des Indes*, deux matelots que ce grand navigateur envoya à la découverte dans l'île de San-Salvador, « trouvèrent en chemin un grand nombre de naturels qui se rendaient à leurs hameaux et qui tenaient à la main, tant les hommes que les femmes, un tison formé d'herbes dont ils aspiraient la fumée. » Ce tison, le pieux auteur le décrit ainsi : « C'était, dit-il, une espèce de mousqueton bourré d'une feuille sèche, que les Indiens appellent *Taba-cos*, et qu'ils allument par un bout, tandis qu'ils hument par l'autre extrémité en aspirant entière-ment sa fumée avec leur haleine (1). »

D'après ces passages d'un ouvrage où sont racontées les premières relations de l'Ancien-Monde avec le Nouveau, on est autorisé à penser que notre mot *tabac* est aussi emprunté aux Indiens, et qu'on se trompe, au contraire, quand on suppose qu'il vient de ce que les Espagnols auraient d'abord observé la plante qu'il désigne dans l'île de *Tabago*, l'une des Antilles.

Peu de temps après la découverte de l'Amérique, en 1518, Colomb fit passer en Europe de la graine de tabac, pensant, sans doute, enrichir cette der-nière contrée d'un remède précieux. C'est à ce titre effectivement que la plante y fut d'abord accueillie et propagée.

En 1560, Jean Nicot, ambassadeur de France en Portugal, sema dans son jardin des graines de tabac qu'il tenait de quelques curieux, arrivant du Mexi-que. Ces graines lui avaient été remises sous le nom de *Petum*, nom que donnaient à la plante, dit-on, les naturels de cette partie de l'Amérique. Quelques

(1) M. Barral est le premier, nous le croyons, qui ait rap-porté cette curieuse citation dans le *Dictionnaire des Arts et Manufactures*, article *Tabac*.

applications ayant fait penser qu'il s'agissait d'un excellent vulnéraire, Jean Nicot s'empressa d'envoyer de ces graines en France, à la reine Catherine de Médicis. Propagée par cette dernière, le tabac que l'on obtint fut désigné sous le nom d'*Herbe à la Reine*, d'*Herbe médicée*, d'*Herbe à l'Ambassadeur*, de *Nicotiane*, et l'on continua à le rechercher pour ses vertus médicinales. « Cette herbe, disait Olivier de Serres, a tiré son nom de Messire Jean Nicot, natif de Nismes en Languedoc, jadis ambassadeur en Portugal pour le roi Henry second : ayant fait venir cette rare plante des Indes en Portugal, l'envoya après en France où elle s'est naturalisée, et pour ses excellentes vertus est soigneusement conservée dans les jardins, y tenant rang honorable. On tient que c'est le *Petum* des Américains..... Les vertus de cette plante sont si grandes et en si grand nombre, qu'à bon droit on l'appelle l'*Herbe de tous maux.* »

Désigné encore par les noms d'*Herbe du Grand-Prieur*, d'*Herbe aux Jésuites*, d'*Herbe de Sainte-Croix*, à cause du légat à Lisbonne, Santa-Croce, qui le fit connaître en Italie, le tabac continua à se répandre en Europe, avec d'autant plus de rapidité que l'on s'avisa de s'en servir comme les Indiens, c'est-à-dire de le fumer. Bientôt même on lui trouva un autre genre d'emploi que ces *sauvages* n'avaient pas soupçonné : on le réduisit en poudre et on le prisa. Ce dernier usage même devint beaucoup plus général que l'autre et dégénéra en abus dont Molière se chargea de faire justice.

Dans quelques États, l'usage de cette poudre fut interdit à cause des effets fâcheux qu'on lui attribuait. Ainsi, en 1604, en Angleterre, par Jacques Ier; en 1624, en Italie, par le pape Urbain VIII. On dit même qu'en Turquie cette interdiction fut proclamée sous peine d'avoir le nez coupé.

Mais le temps marchait, et parmi les libertés dont il assure, dit-on, la conquête, celle de s'empoisonner avec du tabac triompha complètement. Aujourd'hui c'est pour fumer que l'on use de cette plante, et son emploi, sous cette forme, fait, en France surtout, des progrès qui lui assujettissent, non pas encore tous les sexes, mais chez le sexe masculin, toutes les conditions et tous les âges.

On jugera, du reste, de ce progrès, par le bénéfice que le monopole du tabac a assuré au Gouvernement depuis 1674, année où celui-ci crut devoir se réserver le privilége exclusif de la fabrication et de la vente de cette denrée.

En 1695, la ferme ou régie du tabac donna au Trésor public 250,000 livres tournois; en 1697, 4 millions; en 1718, 8 millions; en 1730, 10 millions; en 1791, époque où la Convention abolit le monopole, 37 millions. En 1801, Napoléon ayant rétabli une partie des droits sur le tabac, obtint

ainsi, de 1801 à 1804, un bénéfice de 4,800,000 fr.
En 1811, le monopole complet fut rétabli. De 1811
à 1835, cet article donna aux caisses publiques,
2,667,604,355 fr. En 1836, la consommation du
tabac en France fut de 830 millions de kilogrammes.
En 1835, il fut vendu pour 152,154,000 fr. de tabac; en 1856, pour 163,433,000 fr.; en 1862, pour
300,000,000 fr.

Par son décret de 1811, Napoléon désignait les
villes dans lesquelles devaient être établies des manufactures impériales de tabac. C'étaient : Paris,
Lyon, Morlaix, Bordeaux, Tonneins, Toulouse,
Strasbourg, *Bruxelles*, Lille, Le Havre, *Cologne*,
Nancy et Marseille. Toutes celles de ces villes qui
n'ont pas cessé de faire partie de l'Empire français
par les traités de 1815, ont conservé leur manufacture (1).

---

(1) Parmi ces villes, il y en avait une qui ne dût qu'à la
grande réputation de ses produits en tabac, l'avantage de se
voir le centre d'une manufacture impériale. Cette ville, c'est
Tonneins, dans le département de Lot-et-Garonne. Longtemps menacée, sous la Restauration, de perdre cet établis-
sement, voici ce que l'on raconte au sujet des démarches
qu'elle fit pour éviter ce tort, et comment s'y prit M. le vicomte de Martignac, alors député de Lot-et-Garonne et di-
recteur général des domaines, pour intéresser le roi dans cette
conservation :

Un matin, ce spirituel avocat se présente chez Louis XVIII.

Nous n'entrerons pas ici dans les détails nombreux auxquels pourrait encore donner lieu l'histoire du tabac, par rapport à ses modes de fabrication, et selon l'un des trois emplois auxquels on le destine : la pipe, la tabatière, la chique. Nous dirons seulement que les gouvernements modernes ont trouvé dans cette plante un précieux moyen d'ajouter à leurs revenus, par un impôt complètement volontaire et dont on peut s'affranchir sans aucun danger. Sous ce rapport, nous partageons entièrement l'opinion de M. Royer, quand il dit : « Le ta-

---

pour les besoins du service important qui lui était confié. Il avait eu soin de se munir d'une très-belle tabatière, il l'avait garnie du meilleur tabac de Tonneins, et, adroitement et sans avoir l'air d'y songer, il la glissa sur le bureau où il avait déposé son portefeuille. Le roi, grand amateur, dit-on, plongea aussitôt les doigts dans la tabatière, et, dès qu'il eut aspiré la première prise, on vit se peindre sur son visage un vif sentiment de satisfaction. — « Vicomte, dit-il, voilà de bon tabac ; d'où vient-il ? — « Sire, répondit M. de Martignac, c'est du tabac de Tonneins, ce qui n'empêche pas, ajouta-t-il aussitôt, qu'on veut faire signer à Votre Majesté une ordonnance portant suppression de la manufacture royale de cette ville. » — « Je ne signerai pas cette ordonnance, dit le roi, soyez sans crainte. » Effectivement, la manufacture de Tonneins existe encore.

Nous pouvons ajouter que, d'après des recherches faites en 1738, il paraîtrait que cette supériorité de fabrication est due, en grande partie, aux eaux de la ville de Tonneins.

» bac peut être considéré comme le chef-d'œuvre
» de la création entre toutes les matières les plus
» éminemment imposables; il semble que la Pro-
» vidence ait voulu montrer en lui le type des res-
» sources financières (1). »

« Dans l'usage du tabac à fumer, on recherche
d'abord une ivresse stupéfiante qui endort la pen-
sée ; dans le tabac à priser, une excitation des mem-
branes nasales qui peut devenir une cause habi-
tuelle de céphalalgie quand le sujet est très-irrita-
ble, ou que l'on fait usage de poudres trop excitan-
tes ou trop fines. Ces effets paraissent être produits
par un alcaloïde particulier à cette plante (la *Nicotine*) qui est peu sensible dans les feuilles simple-
ment desséchées, mais qui, mis en liberté par la
combinaison de l'ammoniaque avec l'acide auquel
il se trouve combiné, combinaison que favorise la
fermentation, agit alors avec une puissance pro-
portionnée à l'étendue de désagrégation de la plante
et de sa richesse en nicotine. Celle-ci s'exhale alors
avec l'ammoniaque libre, et cette fermentation
lente continue fort longtemps.

» La nicotine pure est si vénéneuse, que trois
ou quatre gouttes suffisent pour tuer un chien (2). »

---

(1) *Administration des richesses et statistique agricole de
la France.*

(2) Comte de Gasparin : *Cours d'Agriculture*, t. IV,
p. 505.

On n'a pas perdu le souvenir sans doute d'un procès célèbre de Cour d'assises, dans lequel la nicotine avait servi de poison.

Voici, au surplus, quelle est la composition chimique de cette substance :

$$
\left.
\begin{array}{lr}
\text{Carbone} & 71,52 \\
\text{Hydrogène} & 8,23 \\
\text{Azote} & 7,12 \\
\text{Oxigène} & 13,13
\end{array}
\right\} 100
$$

PREMIÈRE PARTIE

—

DÉTAILS BOTANIQUES ET CLIMATOLOGIQUES
SUR LE TABAC.

ARTICLE 1er

Le tabac comme espèce botanique et cultivée.

Le tabac (*Nicotiana tabacum*) est une plante
herbacée, classée :

Par Linné, dans la *Pentandrie monogynie*, à
cause des étamines, au nombre de cinq, et du pistil unique que renferment ses fleurs ;

Par Jussieu, dans la famille naturelle des *Solanées*.

Or, cette famille composée de plantes herbacées,
d'arbustes et d'arbrisseaux, a des représentants
dans toutes les contrées situées en deçà du cercle
polaire. Elle en a, par conséquent, en France, et
en grand nombre : le Catalogue cultural lui doit la
pomme de terre ; le Catalogue horticole, la tomate,
l'aubergine, etc...

Nous ne ferons pas ici une description botanique complète du tabac, que presque tout le monde a pu voir, soit dans les champs, soit dans les jardins. Nous dirons seulement que c'est une plante herbacée, à racines fibreuses, à tige cylindrique, rameuse et capable de s'élever à 1 mètre 50 environ ; que ses feuilles sont amples, ovales, lancéolées, aiguës, velues, fortement nervées, alternes, sessiles et décurrentes ; que ses fleurs viennent en panicule à l'extrémité des rameaux ; qu'elles ont un calice d'une seule pièce, un tube, à cinq dents ; des coroles régulières, à cinq divisions, de couleur purpurine, avec cinq étamines et un pistil ; enfin, un fruit oblong, une capsule à deux loges renfermant des semences rondes, très-fines, et en si grand nombre que Linné a pu en compter, dans une de ces capsules, jusqu'à 40,320.

Considéré au point de vue de la culture, le tabac est une plante de jachère, sarclée, exigeante sinon épuisante, commerciale et industrielle.

Sous ce premier rapport, le tabac a l'avantage de pouvoir occuper, — avec profit pour l'année de cette occupation et avec profit aussi pour celle qui suivra, — une terre pendant le temps de repos plus ou moins complet qu'on lui aurait accordé, si l'on suit encore le système biennal pur ; et de permettre néanmoins, en temps opportun, les travaux que doit subir cette terre pour la récolte de blé qui viendra après.

Sous le second, le tabac pourra ajouter avantageusement à la liste malheureusement trop restreinte, pour plusieurs localités, de nos plantes sarclées ; c'est-à-dire des plantes dont la croissance et le complet développement exigent relativement beaucoup de place, et qu'il faut défendre, par conséquent, contre l'envahissement des herbes, par des travaux fréquents de sarclage, de buttage, etc.

Sous le troisième, le tabac, comme plusieurs autres plantes que leur nature particulière rend sujettes à cet inconvénient, exige beaucoup du sol qui le nourrit, et lui fait subir une certaine fatigue, que doivent d'ailleurs prévenir les engrais judicieusement appliqués, et les systèmes de culture habilement combinés.

Sous le quatrième, le tabac se trouve rangé dans la catégorie des plantes qui ne fournissent rien ou presque rien pour la fabrication des engrais : ni comme fourrage, ni comme litière, et pour la production desquelles il faut tirer d'ailleurs tout ce qui constitue des produits qui se consomment toujours au loin.

Sous le cinquième enfin, le tabac est une plante qui ne peut être livrée, par le producteur, qu'après des préparations longues et minutieuses : imposant à ce dernier une sorte d'industrie souvent difficile, toujours assujettissante et susceptible de créer pour lui de nouvelles chances de bénéfice ou de perte, analogues à celles de la culture proprement dite.

Cette nécessité de prodiguer au tabac, après sa récolte et pendant six mois au moins, des soins multipliés et assidus ; de développer ainsi dans son produit des propriétés que la culture ne lui avait pas données, ou ne lui avait données qu'imparfaitement, est une des conditions, l'expérience l'a souvent prouvé, qui peut ajouter aux difficultés de son introduction dans une localité nouvelle et faire douter même, dans les premiers moments, des avantages de sa culture.

Le vin, par exemple, est bien un produit qui doit beaucoup à l'industrie, et cependant on ne saurait, sous ce rapport, le comparer au tabac ; au tabac qu'avait probablement en vue J.-B Say, lorsqu'il écrivait ces remarquables paroles : Celui-là n'est pas agriculteur qui se contente de recueillir des mains de la nature !

Un autre fait bien important, et que nous devons également consigner ici, à cause des conséquences que nous aurons à en tirer plus tard, c'est celui que peuvent nous fournir les analyses assez nombreuses dont le tabac a été l'objet Les résultats de ces analyses, en ne les acceptant même que comme simples renseignements, auront pour nous de la valeur lorsque nous nous occuperons, soit de la terre qui convient au tabac, soit des engrais qu'il peut être avantageux de lui appliquer.

Or, considéré par rapport aux sels terreux que le

tabac emprunte à la terre qui le nourrit, et qu'il doit rigoureusement y rencontrer, sous peine, ou d'y venir mal, ou de n'y pas venir du tout, cette plante, l'une de celles, comme le fait remarquer M. le comte de Gasparin, qui contient le plus de matières fixes, a été placée par la chimie moderne dans la catégorie des plantes dites à chaux et même à potasse; c'est-à-dire des plantes dans les cendres desquelles prédominent les sels formés par ces deux bases.

Le tabac donne effectivement abondamment des cendres ou des matières que le feu ne peut détruire, volatiliser, des matières fixes. On en trouve :

Dans les racines.. . . 7 \
Dans les tiges . . . . 10 |
Dans les nervures des } pour 100 du poids sec.
  feuilles, ou côtes 22 |
Dans les feuilles.. . . 23 /

Ces cendres, soumises à l'analyse, ont donné :

Sels de chaux. . . . 26 50) pour 100 du poids.
Sels de potasse . . . 16 »)

Par toutes ces considérations, on comprend immédiatement quels sont les avantages et quels sont les inconvénients que peut avoir l'introduction de la culture du tabac dans une contrée déterminée.

Ainsi, nous le répétons, cette solanée peut utili-

ser l'année de repos plus ou moins complet qui sépare deux céréales, là où le système biennal s'est
conservé. Elle peut utiliser la première année qui
précède celle du blé, là où l'on a cru devoir adopter l'espèce d'assolement transitoire désigné, dans
le midi, sous le nom de *tiercement*, ainsi que nous
le verrons ci-après. Elle peut ajouter au nombre de
nos plantes sarclées. Enfin, elle peut créer un produit réalisable en argent dans un délai déterminé et
fixe. Voilà les avantages, et il est facile d'en apprécier toute l'importance.

Au surplus, les connaissances agricoles sont trop
répandues aujourd'hui pour que l'exposition fran-
che et complète de ces avantages et de ces inconvénients, puisse désillusionner quelqu'un. Il n'est pas
possible, en effet, qu'au temps où nous vivons, et
depuis l'introduction du tabac en France, on puisse
se figurer que cette culture est sans éventualité,
sans chances désavantageuses, sans rien de ce qui
fait que toutes les autres, indistinctement, offrent
la double alternative, ou de combler les espérances
de l'homme des champs, ou de les tromper.

Nous pourrions d'ailleurs citer, à l'appui de tout
ce qui précède, l'opinion des auteurs les plus re-
commandables, tant français qu'étrangers. Peut-être
aussi pourrions-nous dire que bien que né à Bordeaux, nous avons cependant passé de nombreuses
années dans un département, celui de Lot-et-Ga-

ronne où la culture du tabac est des plus anciennes,
puisqu'elle y remonte à 1630, et des mieux enten-
dues. Nous pourrions ajouter que nous en avons
toujours vu planter dans notre famille, et que les
satisfactions que cause la réussite de cette entre-
prise, aussi bien que les regrets qu'amène son in-
succès, ne nous sont pas inconnus.

Enfin, on nous permettrait d'ajouter encore que
cette belle culture est une de celles qui nous ont
toujours le plus intéressé, par son aspect, ses détails, ses pratiques : bien que notre admiration se
soit arrêtée là, et qu'à l'égard de son produit, il
nous soit possible de répéter ce que le Père Van-
nière, le spirituel auteur du *Prædium rusticum*,
disait à propos de la vigne :

> Plante chère à Bacchus, toi qui fais la parure
>   De nos côteaux riants !
> D'autres aiment ton jus; mais ta seule culture
>   Est l'objet de mes chants.

> (*Traduction de* François DE NEUFCHATEAU)

ARTICLE II

La place du tabac dans le système de culture.

Nous avons déjà dit que le tabac est une plante
sarclée, et que, sous ce rapport, elle est précieuse
pour les localités qui manquent de ces sortes de

plantes, et qui sont ainsi trop souvent privées de pouvoir les comprendre dans leurs assolements.

D'un autre côté, puisque nous venons de prononcer ce dernier mot, tout le monde sait dans le Midi, et par rapport au climat qui lui est particulier, combien il est difficile de s'astreindre à un assolement régulier et de quelque durée. Enfin, c'est encore une conviction générale dans ce pays, que le fond du revenu de ses terres, autres que celles en vigne, est le blé, et qu'à part quelques exceptions malheureusement rares, ce genre de produit y revient tous les deux ans.

Le système biennal pur (jachère et blé), quelle qu'ait été sa valeur autrefois, n'est plus en harmonie ni avec les besoins de l'époque actuelle, ni avec les connaissances agricoles qui sont aujourd'hui notre partage. Or, un des bons moyens d'ôter à ce système les désavantages qu'il présente, au point de civilisation où nous sommes parvenus, c'est d'abord d'utiliser la jachère, c'est ensuite de l'utiliser par une plante qui permette les travaux qu'elle exige, qui assure la propreté de la terre, qui soit une bonne préparation pour la céréale, enfin qui donne un revenu important.

Dans le Lot et dans le Lot-et-Garonne, l'habitude générale est de faire alterner le tabac avec le blé. Cette habitude même a été poussée tellement loin, que les qualités et les produits de cette solanée ont très-sensiblement perdu sur quelques points ; que plusieurs des accidents qui peuvent les compromettre, et que nous signalerons, sont devenus beaucoup plus fréquents, et que même, dans le premier de ces départements, l'administration des contributions indirectes crut devoir, il y a quelques années, intervenir pour prescrire un mode plus rationnel de culture.

Il est vrai qu'il s'agissait alors d'un retour incessant et de tous les ans, du tabac sur la même terre : système qui devait amener les plus graves abus, et qui faisait de cette plante, non plus une des ressources précieuses de l'agriculture méridionale, considérée dans son ensemble et par rapport aux perfectionnements dont elle est susceptible ; mais un simple moyen de faire de l'argent, sans égard, ni pour la terre dont on l'obtenait, ni pour l'ensemble de l'exploitation où elle était admise.

Sous ces rapports et avec les mêmes dangers, on agissait pour le tabac comme on agit pour la betterave, dans le département du Nord ; pour le colza, dans la plaine de Caen, etc.

Dans quelques contrées du département de Lot-et-Garonne, favorisées par la qualité supérieure de leurs terres, dans la plaine de Marmande, de Tonneins, d'Aiguillon, etc., on a cru pouvoir adopter un mode de culture, mieux combiné, sans doute, qu'on a qualifié de *tiercement*, et dans lequel le tabac joue aussi un rôle très-important, comme plante de jachère et comme plante sarclée tout à la fois. Ce mode, ou assolement, est le suivant :

1re année : tabac, ou chanvre, ou colza, fumés.
2e — blé.
3e — fourrages.

On comprendra sans peine que partout ailleurs que dans des situations privilégiées, un tel système ne pourrait se maintenir, à cause de l'engrais, qu'il ne produirait pas en assez grande quantité. Mais là encore, comme dans l'assolement biennal, le tabac est la récolte, d'ailleurs très-réduite comparativement aux autres. La récolte que l'on achète avec le produit des prés et autres ressources analogues dans l'espoir, généralement fondé, de retirer ensuite de ce produit, ainsi transformé, en raison non-seulement de sa valeur première, mais aussi de tout ce qu'il aura fallu encore y ajouter en avances, en travaux et en soins ; dans l'espoir, disons-nous, de lui faire payer le tout en argent.

Cette manière de procéder et cette manière de raisonner sont absolument semblables à celles des cultivateurs qui introduisent le tabac dans des terres tout-à-fait médiocres, comme celles des Landes, et qui disent en tirer du bénéfice. Que momentanément, le prix auquel on leur paie ce produit leur laisse effectivement quelqu'avantage, nous le comprenons ; mais qu'ils cherchent à prouver que cet avantage peut s'étendre sur le système de culture tout entier ; que même ce peut être un bon moyen de défrichement et de mise en rapport de ces terres, voilà qui ne peut être soutenu, voilà qui est contraire à tous les principes de l'économie rurale. Une plante très-exigeante d'engrais et hors d'état d'en produire par elle-même, une plante très-exigeante de main-d'œuvre, ne sera jamais un moyen d'amener à l'état de culture une terre pauvre par elle-même et située dans un pays peu peuplé.

Dans le département de Lot-et-Garonne et suivant la nature des terres, la situation et les autres circonstances locales, le trèfle incarnat, ou *farouch*, utilise quelquefois le temps qui sépare la récolte du blé de la transplantation du tabac. Quelquefois aussi un engrais vert, semé après la moisson et enfoui avant les gelées, devient une excellente préparation pour le tabac.

Dans les contrées du Nord, où la culture de cette plante donne des produits en poids bien supérieurs ainsi que nous le verrons, elle entre dans des assolements beaucoup plus longs et tels d'ailleurs que peuvent les permettre un climat infiniment plus favorable que celui du Midi à la production fourragère : cette base essentielle de toutes les autres productions de la terre.

Ainsi, dans le département du Nord, l'un des assolements les plus ordinaires, dans lesquels figure le tabac comme plante fumée et sarclée, est le suivant :

<table>
<tr><td>1re année : tabac fumé.</td><td>4e année : trèfle cendré.</td></tr>
<tr><td>2° — colza.</td><td>5° — blé et plant de colza.</td></tr>
<tr><td>3° — blé.</td><td>6° — mélange de fourrages.</td></tr>
</table>

En Alsace, le tabac fait partie de rotations de cultures qui embrassent six et neuf années. Toutefois, la petite culture s'astreint plus volontiers à la rotation suivante :

> 1re année : froment.
> 2e — orge.
> 3e — tabac.

Enfin, dans le Palatinat, on trouve encore ces deux manières de comprendre le tabac dans un système de culture :

<table>
<tr><td>1re année : tabac fumé.</td><td>2e année : tabac fumé.</td></tr>
<tr><td>2e — épeautre</td><td>2e — seigle.</td></tr>
<tr><td>3e — seigle.</td><td>3e — pomme de terre ou orge.</td></tr>
</table>

De tout ce qui précède, nous pouvons tirer cette conclusion satisfaisante, que le tabac se place avec une facilité extrême dans tous les systèmes de culture.

Dans le système biennal, il prend la place de la jachère, qu'il occupe, qu'il utilise, sans lui faire perdre son principal avantage : celui de permettre le nettoiement et la préparation convenable du sol.

Dans le système triennal, il offre les mêmes ressources, accompagnées des mêmes facilités. Enfin, dans un système plus compliqué et tel que le comportent un climat plus favorable et une agriculture plus avancée, il se présente encore pour occuper une place importante et concourir aux résultats définitifs d'une longue rotation de cultures.

Toutes ces facilités, tous ces avantages, sont la conséquence de plusieurs faits déjà signalés, et particulièrement du peu de temps pendant lequel le tabac occupe la terre, environ trois mois ; de la propriété qu'il a de ne pas craindre une fumure immédiate et copieuse ; des travaux d'entretien qu'il réclame, etc., etc.

ARTICLE III

Le tabac par rapport au climat.

Bien que les anciens aient été d'habiles agriculteurs, un des grands avantages des modernes sur eux, c'est d'avoir pu faire entrer le climat dans l'appréciation des faits qui agissent de la manière la plus directe et la plus décisive sur les plantes cultivées ; c'est d'avoir pu, grâce aux progrès de la physique, arriver à mesurer la plupart des phénomènes

naturels que comprend la météorologie : considérée
aussi bien dans son ensemble, que dans ce qu'elle
a de particulier pour chaque région, pour chaque
localité déterminées, pour chaque année.

Ces connaissances sont surtout d'un grand se-
cours, quand il s'agit de plantes exotiques, venues
de contrées très-éloignées, cultivées pendant la
courte durée des jours qui ne leur sont pas hostiles
sous nos latitudes; cultivées pour des propriétés
telles que celles qui affectent principalement l'o-
dorat, le goût, etc., et que l'on sait être extrêmement impressionnables aux agents extérieurs : à
l'air, à l'humidité, à la chaleur surtout.

Le tabac est incontestablement dans la catégorie
de ces plantes : étranger parmi nous, tous les soins
que nous lui donnons, toutes les préparations que
nous lui faisons subir, ont principalement pour but
de développer en lui, de porter à leur maximum
d'effet, les propriétés diverses que recherchent ceux
qui le consomment, soit en prisant, soit en fumant,
soit en chiquant; ceux qui ont reçu de la nature,
et ils sont nombreux aujourd'hui, les dispositions
nécessaires à l'appréciation de ces propriétés.

« La zone verticale de la culture du tabac entre
les tropiques est très-étendue : on le récolte depuis
le niveau de la mer jusqu'à une hauteur de 1,800
mètres; la durée de la végétation dépend de la température moyenne des différentes stations où la

culture est établie. D'après les observations de M. Codazzi, faites dans la Cordilière orientale des Indes et dans la chaîne du littoral de Vénézuela, la cueillette des feuilles de tabac commence, dans les régions les plus chaudes, 150 jours après les semailles. Dans les stations supérieures, là où le thermomètre se maintient à + 18 ou 19°, les premières feuilles ne sont arrachées qu'au bout de sept mois et demi environ (1). »

C'est cette grande facilité du tabac à accepter des climats si divers ; ou plutôt, comme nous le verrons ci-après, c'est la possibilité qu'il y a à rencontrer presque partout la courte série des jours nécessaires et favorables à son complet développement, qui fait que cette plante est utilement cultivée dans les quatre parties du monde. Ainsi :

En Amérique : au Brésil, à la Virginie, au Maryland, à la Louisiane, à la Havane, à Maeouba, à Tabaco, à Saint-Vincent ;

En Asie : aux Philippines, à Bornéo ;

En Afrique : à Tunis, à Alger ;

En Europe : en Espagne, en Italie, en France, en Belgique, en Hollande, en Allemagne, en Prusse, en Silésie, etc.

Pour ce qui regarde la France en particulier, on peut dire que le tabac pourrait être cultivé à-peu-

---

1) M. Boussingault : *Économie rurale*, T. I, p. 452

près sur toute l'étendue de ce vaste empire, puisque nous le voyons réussir en même temps depuis le 44° degré de latitude, dans le département de Lot-et-Garonne, jusqu'au 51°, dans le département du Nord. Cependant, il est facile de reconnaître que si cette plante donne également, sous ces différentes stations, des produits utiles, néamoins ces produits sont loin d'être les mêmes, sous le double rapport de la qualité et de la quantité. Il semble effectivement, et cette loi est d'ailleurs commune à la généralité des végétaux cultivés, qu'à mesure que l'on s'avance vers le Nord, la qualité diminue; que le piquant des bonnes feuilles tend à se changer en âcreté, comme le dit M. de Gasparin; et qu'à mesure, au contraire, que l'on s'avance vers le Midi, c'est la quantité qui subit une réduction de plus en plus notable, tandis que la qualité augmente.

D'une manière générale, on comprendra les raisons de cette loi, en comparant ensemble les expressions météorologiques particulières, non-seulement à chacun des points extrêmes désignés ci-dessus (Agen et Dunkerque), mais en étendant aussi cette comparaison jusqu'à Alger.

	Latitude.	Hiver.	Été.	Année.
Alger..........	36",47,00.	+ 12°,4,	+ 25°,6	+ 17°,8.
Agen..........	44°,12,27.	+ 6°,2.	+ 22°,4	+ 13°,7.
Dunkerque..	51°,02,11.	+ 5°,3.	+ 17",6	+ 10°,5.

Sans doute, à ces points divers, le tabac reçoit
annuellement la somme de chaleur qui doit le
conduire à parfaite maturité ; mais tandis qu'aux
deux premiers, cette chaleur est toujours abondante ; souvent excessive ; au dernier, au contraire,
elle ne doit guère dépasser la limite absolument
nécessaire, quelquefois même rester au-dessous.

La démonstration de ces faits résulte du reste du
temps exigé par la maturation, dans les deux localités françaises mises en comparaison.

	Epe moye de plantat.	Epe moye de réce.	Jours empl.
Lot-et-Garonne.	1er juin.	25 août.	86.
Nord	1er juin.	25 sept.	117.

On voit que, de part et d'autre, le tabac végète
pendant l'été ; or, la température moyenne de cette
saison est à Alger de $+ 23°, 6$, à Agen de $+ 22°, 4$,
et à Dunkerque de $+ 17°. 6$ seulement.

Ainsi, on s'explique pourquoi les tabacs du Midi
figurent principalement dans les qualités à priser,
qui exigent du corps et de l'onctuosité ; pourquoi
leur mode de culture tend le plus possible à leur
assurer l'action du soleil ; pourquoi les villes qui
les fabriquaient autrefois, Tonneins et Clairac, au
temps où la tabatière, qui semble s'en aller, était
aussi commune que la pipe et le cigare le sont aujourd'hui, acquirent tant de réputation ; pourquoi
enfin ces tabacs sont d'une très-facile conservation,

ainsi que l'ont prouvé de remarquables exemples, et notamment celui auquel donna lieu, en 1729, les débats survenus entre la compagnie des Indes et les fabricants du pays (1).

A l'égard du produit, une différence extrêmement sensible se fait remarquer aussi entre le Nord et le Midi. En moyenne, cette différence est la suivante, eu égard aux chiffres présentés par M. Royer, dans sa statistique agricole de la France, sauf cependant la correction que nous faisons à ces chiffres en ce qui touche au département de Lot-et-Garonne :

Production moyenne de la région du Nord, 1,773 kil. par hectare.

Production moyenne de la région du Midi, 690 kil. par hectare.

Il est vrai que dans les deux régions, le nombre de pieds à cultiver est bien différent. Ainsi, tandis que dans les départements du Midi, dans celui de Lot-et-Garonne, ce nombre est fixé à 10,000 par hectare; dans ceux du Nord, il va au double et au-delà.

Mais, à cet égard, il y a encore une compensa-

(1) Il s'agit ici de discussions par suite desquelles des tabacs restés plus de dix ans dans des magasins, et en quelque sorte abandonnés, furent trouvés, à la grande surprise de ceux qui avaient cru ainsi les anéantir, dans un état parfait de conservation et de très-bonne qualité (Ch^r de Vivens).

tion , et c'est la qualité qui la fait ; la qualité , qui sert principalement de base au prix de la marchaudise. Ainsi, terme moyen , le tabac est payé :

Dans la région du Nord , 54 fr. 20 c. les 100 kil,

Dans la région du Midi , 80 fr. 10 c.

Tous ces faits démontrent combien peut être avantageuse la culture du tabac , tant dans les départements du midi de la France qu'en Algérie, si elle est bien entendue et bien conduite.

Toutefois, il est pour quelques départements méridionaux, et au point de vue de la météorologie encore , une circonstance qu'il nous semble très-important de signaler et à laquelle peut donner lieu le voisinage de l'Océan. Nous voulons parler de ce météore singulier que les praticiens désignent sous le nom de *vent salé*, dont on a longtemps doulé, et que la science aujourd'hui comprend et explique parfaitement. « L'air qui flotte sur la mer, dit Liebig, trouble en tout temps la solution du *nitrate d'argent;* chaque courant aérien, quelque faible qu'il soit, enlève, avec les milliers de quintaux d'eau de mer qui se vaporisent annuellement, une quantité correspondante de sels qui y sont dissous, et amène à la terre ferme du chlorure de sodium, du chlorure de potassium, de la magnésie et les autres principes de l'eau de mer. » (*Chimie appliquée à l'agriculture*).

Favorable à certains points de vue et dans cer

taines circonstances, cette action qui nuit bien
souvent en Angleterre, au dire de sir Jhon Sin-
clair, aux récoltes de grains, aux feuilles d'arbres,
etc. , pourrait aussi se montrer contraire au tabac,
d'ailleurs si impressionnable, particulièrement sur
les points voisins de l'Océan.

Mais heureusement, il est des moyens faciles de
prévenir son atteinte trop directe et trop considé-
rable : ces moyens, ce sont les abris, sans lesquels
des contrées entières ne sauraient admettre de cultures, et dont la puissance est si bien démontrée
dans les landes de Gascogne et de Bretagne, si découvertes, si exposées aux vents de la mer.

Dans les départements de la région du Nord qui
cultivent le tabac, les abris, principalement formés
en haies vives, ont tant de valeur, qu'on estime à
un dixième en sus la récolte des feuilles venues
dans une plantation abritée. En Hollande, contrée
que baignent les flots de l'Océan, le tabac ne pros-
père qu'à la condition de se voir protégé par de tels
abris, pour lesquels on a même recours aux arbres.
En Flandre, il en est de même.

Ailleurs et dans les landes, puisque nous les
avons citées, on sait combien les pins viennent vite;
combien s'élèvent facilement les haies de saule-
marceau (*Salix caprea*), que l'on établit avec de
simples boutures.

Enfin, il n'est pas douteux non plus que, dans

les mêmes contrées qui reçoivent immédiatement les vapeurs de l'Océan, la condensation de ces vapeurs durant la nuit, leur conversion en une rosée d'autant plus abondante que la température diurne a été plus élevée, ne soient particulièrement favorables au tabac.

Cette plante, effectivement, recherche la chaleur; ce concours est pour elle d'une nécessité absolue, aussi bien pour les phases diverses de son développement, que pour l'élaboration complète des produits que nous en attendons; pour la bonne qualité de ces produits. Une grande chaleur pendant le jour, une abondante rosée pendant la nuit, sont les caractères distinctifs, comme on sait, des contrées méridionales, des contrées dans lesquelles se plaît particulièrement le tabac.

Il est encore, pour le tabac, et particulièrement pour le tabac à fumer, un inconvénient assez grave causé par un voisinage trop rapproché des eaux de la mer, ou mieux peut-être par la constance des vents qui poussent sur certaines contrées les vapeurs provenant de ces grandes masses d'eau. Sous de telles influences, les produits de cette plante peuvent se trouver imprégnés d'une quantité telle de chlorures que leur combustion devient trop lente et d'un entretien difficile. Nous avons entendu faire ce reproche, par des hommes compétents, à des tabacs de certaines localités de la Gironde.

DEUXIÈME PARTIE

—

ARTICLE Ier

Les terres qui conviennent au tabac.

Les terres dites de *bonne qualité*, dans lesquelles se rencontrent les éléments essentiels du sol arable, et qui offrent en outre l'humus, ou terreau naturel, en assez grande abondance, sont celles qui conviennent particulièrement au tabac.

Ainsi, cette plante réussirait mal sur des sols offrant un excès trop prononcé, soit en chaux, soit en sable, soit en argile surtout, et plus mal encore sur ceux qui seraient pauvres en humus, à moins que d'abondantes fumures ne vinssent corriger ce grave défaut.

Une certaine humidité doit aussi se rencontrer dans les terres que l'on destine à ce genre d'emploi; mais ici il faut faire attention que le point moyen

serait très-difficile à assigner, et que si l'on gagne
en qualité avant de l'atteindre, d'un autre côté aussi,
lorsqu'on le dépasse, c'est par la quantité que l'on
se trouve récompensé.

Il est bien entendu cependant que, dans l'un et
l'autre cas, les choses ne doivent pas être poussées
à l'extrême; car, encore, si le terrain est trop sec,
s'il est aride, le tabac ne s'y développe pas suffi-
samment et tend immédiatement à monter en graine.
Si, au contraire, il est trop humide, trop gras, le
tabac y prend de grandes dimensions sans doute,
mais les sucs qu'il contient ne s'y élaborent pas complètement : la plante y contracte une sorte de rouille,
et il est difficile de l'obtenir entièrement mûre.

Lorsque dans les terres à tabac il se rencontre du
gravier, des cailloux, on est sûr que le produit ob-
tenu, toutes choses égales d'ailleurs, sera d'excellente qualité. Ces matériaux, répartis dans ce qui
doit faire le fond du mélange, ont la propriété de
l'égoutter, de le réchauffer, de défendre pendant
l'été la trop grande évaporation de l'eau qu'il peut
contenir et peut-être aussi de réfléchir sur les
feuilles, comme cela a lieu pour les raisins, et au
grand avantage de leur maturation, les rayons solaires qui seraient parvenus jusqu'au sol sans les
avoir rencontrées.

Ce dernier phénomène, fondé sur ce principe de
géométrie que l'angle de réflexion est égal à l'angle

d'incidence, et sur cet autre de physique, que le rayon qui se relève n'a rien perdu ni de sa lumière, ni de sa chaleur, est celui qui assure en grande partie la supériorité des excellents vins de graves, et surtout du Médoc.

Au reste, Mathieu de Dombasle dit : « La terre propre à la culture du tabac figure dans la *première classe de celles qui sont soumises aux travaux agricoles :* les terrains les plus riches et les plus fertiles conviennent seuls à cette plante ; ces terrains, qui appartiennent à la culture jardinière plutôt qu'à la culture rurale, ne connaissent pas la jachère, dans quelque pays que ce soit, et encore bien moins dans les cantons où l'industrie agricole présente assez d'activité pour que l'on songe à y introduire la culture du tabac, qui est placée au premier rang parmi celles qui exigent des soins et des travaux multipliés de la part des cultivateurs (1). »

En Alsace, dans les départements du Haut et du Bas-Rhin, il est reconnu que « plus le sol consacré à la culture du tabac a un bon fond, plus il est engraissé surtout de fumier de mouton, qui est le plus favorable à cette plante, plus aussi les feuilles deviennent longues, larges et épaisses ; plus elles acquièrent les qualités nécessaires à la fabrication et au commerce en nature, et moins elles sont

______

(1) *Annales agricoles de Roville*, 3e livraison, p. 40.

sujettes au dépérissement occasionné par la sécheresse et par les temps pluvieux (1). »

Dans le département du Nord, « on réserve au
tabac les meilleurs sols argilo-sablonneux. Selon
quelques cultivateurs, les bois défrichés, les vieilles
pâtures, les terrains qui ont été longtemps sous
l'eau et contiennent beaucoup d'humus, sans être
acides, produisent un tabac très-étoffé, à feuilles
longues, larges et remarquables par leur poids. Le
tabac provenant de terres plus légères est moins
lourd, mais son odeur est plus fine : il fournit d'excellentes feuilles pour la fabrication des cigares (2). »

Dans le Lot-et-Garonne, les terres consacrées au
tabac sont de trois sortes principales : ce sont les
terres d'alluvion de la Garonne et du Lot; — les
terres des plaines qui s'élèvent immédiatement au-
dessus de ces premières, et que les géologues, à
cause de leur origine, désignent sous le nom de
diluvium; — enfin, les terres des plateaux plus
élevés encore, mais non pas au point cependant
d'arriver à ces formations argilo-siliceuses, si
communes dans les départements du Midi, et que
l'on désigne sous le nom de *boulbènes légères.*

Pour donner une idée de la nature particulière

---

(1) *Nouveau cours d'agriculture* au XIXe siècle.

(2) *Agriculture française,* par les inspecteurs, etc... département du Nord.

des terres à tabac dans le Lot-et-Garonne, nous nous sommes procuré un échantillon de chacune d'elles, que nous avons soumis à une analyse purement minérale.

Sous le n° 1. — Terre prise dans la plaine submersible de la Garonne, dans la commune de Senestis, canton de Marmande, vis-à-vis le pont du Mas-d'Agenais.

Sous le n° 2. — Terre prise dans la plaine moyenne du Mas-d'Agenais (diluvium), lieu de *Monplaisir*.

Sous le n° 3. — Terre prise dans la plaine haute du Mas-d'Agenais, lieu de *Floc*.

Sous le n° 4. — Terre prise dans une situation analogue, mais sur la rive opposée du fleuve, dans la commune de Birac, canton de Marmande.

Le tableau suivant expose le résultat de ces analyses :

	CHAUX.	SABLE.	ARGILE, etc. (1).	QUALITÉS DU TABAC.
1	7,50	9,50	83,00	Lourd, mou, peu de sève.
2	0,50	10,50	89,00	Moins lourd, un peu mou, bonne sève.
3	Traces.	17,50	82,50	Léger, corsé, très-bonne sève.
4	1,00	41,50	57,50	Léger, corsé, sève excellente.

(1) Avec l'argile, se trouvent compris l'oxide de fer, l'humus, etc., qu'une analyse plus compliquée aurait pu doser, mais qui n'aurait pas jeté un grand jour sur notre sujet.

On voit par les chiffres ci-avant et par les mentions qui les suivent, que ce qui agit de la manière la plus directe sur la qualité du tabac, c'est le sable, c'est l'élément siliceux du sol. A mesure que cet élément augmente, le tabac devient plus léger, il prend plus de corps, sa sève est plus prononcée et plus agréable.

Dans les pays où l'on cultive la vigne et le tabac, on a remarqué que là où se faisait le bon vin, venait aussi le bon tabac. Cette double circonstance s'explique parfaitement, par cette considération que ces deux produits se recommandent par des propriétés qui sont du ressort, ou de l'odorat ou du goût; par des propriétés qui semblent presque toujours en opposition avec celles qu'apprécient le poids ou la capacité. Or, les terrains maigres, les terrains siliceux donnent ordinairement peu, mais ils rachètent ce désavantage par un charme particulier qui distingue toutes leurs productions : témoin le vin des graves de Bordeaux et le tabac des terres légères.

On comprendra cependant qu'il ne faut pas pousser ces conséquences trop loin, et qu'il serait aussi imprudent, par le choix des terres, de viser : ou à des rendements en poids exclusifs de toute qualité : ou à des résultats de qualité que l'administration des contributions indirectes ne pourrait plus rémunérer convenablement, et que la grande généralité des consommateurs cesserait d'apprécier.

Au reste, c'est là une affaire d'expérience, et les nouveaux planteurs seront bientôt à même de résoudre le problème qui résulte pour eux de leur admission à l'approvisionnement en tabac des manufactures impériales. Bientôt ils sauront quelles sont celles de leurs terres capables de fournir cette denrée, avec les conditions de quantité et de qualité les plus favorables à leurs intérêts.

Dans la région du Nord et dans le département de ce nom en particulier, ce sont aussi des terres siliceuses que l'on choisit, pour en obtenir un tabac à sève piquante et agréable, propre à la poudre et au cigare.

Voici l'analyse également minérale de la terre de la riche plaine de Lille :

$$\left. \begin{array}{l} \text{Chaux.} \dots \dots \quad 1,64 \\ \text{Sable.} \dots \dots \quad 58,22 \\ \text{Argile, etc.} \dots \quad 40,14 \end{array} \right\} \ 100,00$$

Enfin, nous pouvons encore présenter des chifres analogues, pour une autre terre non moins favorable au tabac, non moins renommée par les qualités qu'on en obtient, pour la terre de l'île de Cuba, particulièrement affectée à ce genre de produit :

$$\left. \begin{array}{l} \text{Chaux} \dots \dots \quad 8,00 \\ \text{Sable} \dots \dots \quad 33,60 \\ \text{Argiles, etc.} \dots \quad 58,40 \end{array} \right\} \ 100,00$$

Cette dernière terre, qui se présente en petites masses agglomérées, mais d'un écrasement facile, qui n'offre aucun fragment pierreux, qui est riche en débris végétaux, etc., admet aussi une forte proportion d'oxide de fer, 4-5 p. 100.

Il importe d'autant plus de signaler ici cette dernière circonstance, que le fer est un des principes les plus constants des terres de la Gironde, par exemple ; celui auquel on croit pouvoir attribuer notamment le type tout particulier de ses vins, leur emploi avantageux comme boisson hygiénique.

En résumé, la terre exerce sur le tabac, comme sur tous les produits qui doivent se recommander, soit par la saveur, soit par l'arôme, comme sur le vin particulièrement, une action décisive.

Les terrains plus secs qu'humides, plus maigres que gras, ceux qui sont mêlés à des cailloux ou pierrailles, qui sont tout à la fois garantis des grands vents et exposés aux libres courants d'air, donnent les meilleures qualités. C'est là que, durant les bonnes années, viennent ces feuilles de grandeur moyenne, remplies d'une sève complètement élaborée, mûrissant bien, séchant facilement, sans fermentation, sans moisissure, et donnant des produits d'un roux doré et dont l'excellente odeur peut effectivement être comparée à celle de la violette.

Les terrains beaucoup plus riches, gras, humides, bas, peuvent donner davantage en quantité, parce que les feuilles qu'on en obtient sont plus grandes, plus chargées de sucs; mais leur maturation est plus lente, leur dessiccation plus difficile. Durant cette dernière opération, et par suite de la moindre négligence, elles peuvent subir certaine réaction, certaine fermentation, qui altèrent profondément leur sève et leur impriment une odeur de moisi, d'âcreté, extrêmement préjudiciable.

Or, il n'en est pas du tabac comme de plusieurs autres récoltes, à l'égard desquelles les producteurs ont malheureusement reconnu qu'il pouvait être plus avantageux de viser à la quantité qu'à la qualité. L'État, qui seul achète cette denrée, fixe son prix sur la qualité, et le poids n'arrive qu'en seconde ligne dans cette appréciation.

Cette manière de procéder est une garantie, du reste, qui permet à celui qui plante dans des terres d'une valeur moyenne et qui doit nécessairement compter plus sur la qualité que sur la quantité, de voir ses efforts équitablement rémunérés.

Celui-là, comme nous l'avons dit, fournira plus particulièrement les espèces recherchées pour la consommation des fumeurs, et s'il sait seconder son terrain; s'il sait conserver et développer la bonne impulsion que ce terrain donnera à son produit, il pourra espérer que le classement avantageux qui en sera fait, lui assurera une large part dans les

hauts prix assignés par le tarif de l'administration
aux premières qualités de tabac.

Toutefois, il ne faudrait pas trop faire fonds sur
de pareils résultats, et ne pas croire que l'industrie
peut suppléer à tout. En agriculture, ce qui coûte
le moins, ce qui assure par conséquent le plus de
bénéfice, c'est ce que donne la terre d'elle-même ;
ce qui est la conséquence de sa force, de sa qualité. L'agriculteur est ici comme le général d'armée
qui, tout en comptant sur la valeur de ses soldats ,
ne doit pas moins chercher à leur procurer, pour le
combat, la position la plus avantageuse.

ARTICLE II

Préparation de la terre pour le tabac ; façons et engrais à lui donner, etc.

Après l'enlèvement du blé, auquel, l'année suivante, le tabac doit succéder, il convient de donner
un labour à la terre pour déchaumer, enfouir les
éteules et mettre en mesure de germer les graines
des mauvaises herbes qui ont pu se développer durant la croissance de la céréale. Avant les grands
froids ou les grands mauvais temps de l'hiver, un
autre labour peut encore être donné : il met sous
terre toutes les plantes sauvages qui avaient eu le
temps de naître, mais non pas celui de grainer ; il

coupe court à leur reproduction ; il procure à la terre une sorte d'engrais vert, qui n'est pas sans quelque importance.

Si l'on ne procède pas ainsi ; si le temps et les autres travaux ne le permettent pas, il faut au moins, avant la fin de l'hiver, donner un premier labour, avec accompagnement de hersage et émottage.

Au printemps, il faut en donner un second, toujours accompagné de hersage et émottage, et c'est celui-là qui sert à enfouir le fumier : bien qu'il semblât plus convenable de transporter et d'enfouir cette matière lors du premier labour.

La quantité de fumier à appliquer est assez variable, et d'ailleurs on ne sait que trop qu'en cette occurence on ne fait pas toujours, ni tout ce qu'on devrait, ni tout ce qu'on voudrait.

Cependant, il faut au moins, pour fumer un hectare de terre à tabac, vingt-cinq charretées de fumier d'étable, pesant chacune de 8 à 10 quintaux, ce qui fait un total de 20 à 25,000 kil. de fumier, soit 20,000.

Si l'on voulait substituer à ce fumier quelqu'autre engrais du commerce, on trouverait dans les tables qui ont été dressées dans ce but, l'indication des quantités nécessaires pour cette substitution.

Toutefois, il faudrait bien faire attention que ces tables ont pour base la quantité d'azote contenu,

pris comme expression de leur matière essentiellement agissante, et qu'ainsi il n'est tenu compte
d'aucune des autres substances salines et minérales
qu'ils peuvent offrir.

Or, en ce qui touche le tabac, ces substances,
ainsi que le démontrent les analyses présentées à
l'article 1er (Ire Partie), peuvent avoir une grande
valeur, en assurant à cette plante un ou plusieurs
des principes fixes réclamés par sa constitution.

C'est ainsi, en ne considérant et avec vérité,
comme enlevé aux champs, que les feuilles du tabac, les racines et les tiges revenant aux engrais,
et en admettant, comme produit moyen de ces
feuilles, dans le plus grand nombre de cas,
1,160 kilog. (1) par hectare, on trouve, entre les
différents engrais employés et le tabac récolté, à ce
point de vue, les rapports suivants :

1,160 kilog., feuilles de tabac et à l'état complètement sec, 507 kilog. donnent en cendre, à raison

---

(1) Cette appréciation n'est pas purement arbitraire. Elle
est fondée sur les calculs de l'administration des contributions indirectes qui, en accordant à la Gironde, pour
1855, 200 hectares, et, avec le dixième en sus, 210 hectares
(art. 193 de la loi du 28 avril 1816) à cultiver, attendait, de
ce département, 280,000 kilog. de produit. Or, 280,000 divi-
sés par 240, donnent 1,166 kil. pour produit de l'hectare.

de 23 parties de cette matière par cent du produit
sec, 116 kilog.

Ces 116 kilog. de cendre (en chaux, 26 kil. 87
offrent à leur tour :   (en potasse, 16 kil. 24

Or, on assure à la terre, en fumant avec (1) :

20,000 k. fumier d'étable, 110 k. chaux, 98,0 k. potasse
  2,000 » poudrette,   142 »   —   8,6 »   —
   400 » guano,   45 »   — 17,8 »   —

La supériorité du fumier d'étable est ici évidente,
comme dans toutes les occasions du reste où il est
possible d'user de cette base essentielle de la production agricole. Ainsi, surabondance des principes
fixes que réclame une récolte annuelle de tabac,
sans compter toutes les autres substances nécessaires aux développements de cette plante.

La poudrette vient après, mais là se manifeste un
défaut sensible d'un de ces principes, de la potasse.

Enfin, vient le guano, qui assure à la plante,
comme le fumier d'étable, tous les principes fixes
dont elle a besoin.

Ces résultats, qu'il ne faut après tout accepter
que comme de simples indications, bien que ga-

---

(1) Pour ce qui regarde le fumier d'étable, il faut savoir
que 20,000 kil. à l'état complètement sec, se réduisent à
4,070 kil., et que 100 de cette matière donnent 32 de cendres. Il faut savoir aussi que sur cent parties de ces mêmes
cendres, il y a : en chaux, 8,5 ; en potasse, 7,6.

rantis par les recherches de chimistes, tels que Hart-
wig, l'ossel, Reimann, Wic, Fressenius, Jonhston,
Boussingault, etc., nous remettent en mémoire un
fait déjà ancien qui se passa dans notre famille
(dans le Lot-et-Garonne) et dont elle a longtemps
sans doute éprouvé les conséquences avantageuses.
Nous voulons parler d'une énorme quantité de cendres de tabac que notre père avait achetées à la régie, dont l'usage, comme on sait, est de brûler les
tabacs défectueux, et que nous avons vu successi-
vement et annuellement transporter sur les terres
consacrées à ce genre de culture. N'y aurait-il pas
là l'explication des quantités satisfaisantes et des
bonnes qualités de tabac, que l'on obtenait de ces
terres ?

Mais il est encore un autre point de vue fort es-
sentiel, sous lequel nous pouvons apprécier les rapports du tabac avec l'engrais donné à la terre destinée
à le produire : c'est celui qui a pour base l'azote
réclamé par cette plante et fourni par les divers engrais ci-dessus.

Or, sans entrer dans des calculs trop compliqués,
il est admis, à l'aide des données fournies par un
grand nombre d'analyses, que les 1,160 kilog.
feuilles de tabac à l'état normal, et 507 kilog. seulement complètement secs, représentant, comme
nous venons de le dire ci-dessus, le produit proba-
ble d'un hectare de terre, ont exigé des engrais
30 kilog. 42 d'azote.

Maintenant, voici comment les trois fumures ci-
dessus ont pu satisfaire à cette nouvelle exigence :

20,000 kilog. fumier représentent en azote. . 82,0 k.
 2,000   —   poudrette —   —   53,4
  400   —   guano   —   —   57,3

Ces chiffres feraient comprendre comment il se fait
qu'après une récolte de tabac, obtenue surtout au
moyen d'une fumure avec l'engrais d'étable et à la
dose ci-dessus indiquée, il est possible d'obtenir
encore de la terre, et sans nouvelle addition d'engrais, une récolte de froment : manière de procéder
que nous avons dit d'ailleurs être en usage dans le
Lot et dans le Lot-et-Garonne.

Enfin, dans le courant de mai, avant de planter
le tabac, un troisième labour au moins doit encore
être donné à la terre. Ce labour ou ces labours sont
également suivis de hersages et émottages énergi-
ques ; car la première, la plus essentielle condition
de succès d'une plante qui est plutôt du domaine
de l'horticulture que de celui de l'agriculture proprement dite, c'est la pulvérisation complète de la
terre qui doit la recevoir, c'est le mélange également complet de celle-ci avec l'engrais qu'on lui a
donné.

Nous n'avons pas besoin de dire combien toutes
ces façons seraient plus profitables encore, ainsi
que celles qui nous restent à signaler, si elles pou-

vaient être exécutées à la main; si la rareté des bras
et l'économie si nécessaire aux travaux agricoles,
pouvaient permettre une telle manière de procéder.

A cet égard, le tabac est comme la vigne : on
dirait qu'il se plaît aux relations directes de la main
de l'homme, et ses résultats les plus satisfaisants,
ses faveurs les plus marquées, sont pour les cultivateurs qui le traitent de la sorte; qui ne lui épar-
gnent pas leurs peines, qui ne laissent passer aucune des périodes de son développement sans l'as-
sister.

ARTICLE III

Choix de l'espèce ou variété du tabac à cultiver.

Comme nous l'avons déjà fait observer, la culture
du tabac, dans son ensemble, offre deux systèmes
assez distincts : celui de la région du Nord, celui de
la région du Midi, et ces systèmes eux-mêmes se
font particulièrement remarquer par le nombre de
pieds que l'administration des contributions indirectes permet de placer dans un hectare.

Or, il est clair que l'espèce, ou la variété au
moins dont on fait usage quand il s'agit de planter
par hectare 20, 30 et 40,000 pieds de tabac, ne
peut être la même quand ce nombre est réduit à
10,000 seulement. Dans le premier cas, on doit
chercher une espèce dont le développement ne soit

pas tel, que les plants puissent mutuellement se nuire ; dans le second, au contraire, il faut avoir recours à une espèce capable de fournir de longues et larges feuilles, afin d'utiliser tout le terrain consacré à ce genre d'emploi.

Cette première considération, et sans compter celles qui sont fondées sur le genre de destination à donner au produit, fait parfaitement comprendre pourquoi le tabac que l'on cultive dans la région du Nord est généralement plus petit, et celui que l'on cultive dans la région du Midi généralement plus grand.

Mais cette différence de dimension ne tient pas à l'espèce proprement dite : elle est bien plus la conséquence du climat, de la nature de la terre et du genre de culture adopté.

Sous ce rapport, le tabac fournit un nouvel et éclatant exemple de ce qui arrive aux plantes que l'on a pu transporter du pays dont elles sont originaires, dans des contrées très-éloignées et très-différentes par rapport aux conditions diverses de climat, de sol et de culture qui leur sont particulières. Le tabac a souffert toutes ces distances, il a accepté toutes ces conditions, mais c'est en variant lui-même sa forme et ses propriétés premières ; c'est en revêtant, selon les lieux, et quant à la dimension, à la forme, etc., des caractères si divers et souvent si tranchés, que l'on croirait à un grand nombre d'es-

pèces distinctes, là où, en réalité, il n'y en a peut-
être qu'une.

On sait, du reste, combien les agriculteurs et les
botanistes sont loin de s'entendre sur les mots *espèce*
et *variété* : les premiers, jugeant des différences
capables de donner lieu à ces distinctions, par de
simples avantages économiques, la plupart du temps
dus aux localités : les seconds, les subordonnant au
contraire à des caractères spécifiques, rigoureux et
beaucoup moins sujets à varier sous l'influence des
circonstances extérieures.

Ainsi, pour les botanistes, tous les tabacs cultivés
en Europe paraissent devoir être rapportés à une
espèce unique, qu'ils désignent sous le nom de
Nicotiana tabacum, et qui est originaire de la Virginie. Telle est la raison aussi pour laquelle cette
espèce et les variétés qu'elle peut admettre sont généralement désignées, dans la pratique, sous le
nom commun et assez vague de *tabac de Virginie*.

En grande culture, on rencontre seulement trois
espèces ou variétés principales (1) :

____

(1) Il est vrai de dire cependant qu'aux yeux des botanistes
encore, ces variétés seraient bien plus nombreuses, puisque
déjà en 1807, M. Schrank en décrivait huit dans le *Botanis-
che zeitung* de Hoppe. C'étaient : 1° le *Nicotiana Tabacum
attenuatum;* le *N. T. macrophyllum*, l'une des variétés
les plus avantageuses à la culture, à cause de la grandeur

1° Le tabac à larges feuilles, non pétiolées, etc. (*Nicotiana latifolia*), généralement cultivé dans les départements du Nord et de l'Est ;

2° Le tabac à feuilles étroites, également non pétiolées (*Nicotiana angustifolia*) et beaucoup moins répandu ;

3° Le tabac rustique, dont les feuilles sont larges, rondes et longuement pétiolées (*Nicotiana rustica*) : c'est principalement l'espèce cultivée en Hongrie et probablement aussi celle que l'on essaya de répandre, il y a quelques années, dans le Lot-et-Garonne, sous le nom de *Tabac Philippi*.

Dans ce dernier département, le Virginie a deux variétés ou sous-variétés principales :

1° La variété à laquelle on a conservé ce nom de tabac-Virginie, dont les feuilles sont relativement étroites, eu égard à leur longueur, car elles ont dans le premier sens 80 et dans le second 25 centimètres environ. La côte de ce tabac est blanchâtre, peu prononcée, et ses produits ont moins de poids. C'est le plus généralement cultivé.

2° La variété dite *Tabac camus*, ou tabac d'*auria*

---

de ses feuilles; 3° le *N. T. pallescens;* 4° le *N. T. Alüpes,* variété encore plus avantageuse à la culture que celle du n° 2, toujours à cause de la grandeur des feuilles; 5° le *N. T. serotinum*, variété tardive; 6° le *N. T. gracilipes;* 7° le *N. T. Verdon*, également tardif; 8° le *N. T. lingua* ou *auriac*, dont les feuilles ont une longueur de 75 et une largeur de 45 centimètres environ. Ce tabac a la côte forte, et ses produits accusent un grand poids.

La préférence donnée au Virginie proprement dit, a pour causes principales la facilité de sa dessiccation et une sève beaucoup plus parfumée.

Au reste, on comprendra que ce n'est qu'avec une sorte de défiance et sous toute réserve que nous écrivons les détails de cet article. Comme pour la plus grande partie des plantes cultivées, comme pour la vigne surtout, il serait extrêmement difficile sans doute d'établir une synonymie du tabac : cette plante devant d'ailleurs, à la faculté excessive qu'elle a de se laisser impressionner par les causes extérieures, de se modifier selon les lieux et les genres de culture, une foule de variétés ou de simples variations aussi difficiles à préciser qu'à décrire.

Pour le cultivateur, tous les caractères que nous venons de rappeler se réduisent à un principal et d'une constatation très-facile : celui tiré de la largeur des feuilles. « Il y a, dit M. le comte de Gasparin, un grand nombre de variétés de tabac ; celle que l'on cultive le plus généralement en Europe a les feuilles larges ; celle qui produit le tabac de Virginie les a beaucoup plus étroites. Dans l'Orient, on cultive un autre espèce de tabac à feuilles crépues (*Nicotiana Tabacum crispa*), qui est originaire du Pérou, et dont les feuilles sont étroites et crispées. Notre variété donne des récoltes plus abondantes que les autres, qui d'ailleurs produisent des feuilles d'un prix plus élevé (1). »

Au surplus, toutes les fois qu'il s'agit de plantes aussi impressionnables que les plantes herbacées, on est sûr que bientôt, dans une localité donnée, on arrivera à connaître la variété à cultiver de préférence. Ce sera celle qui se sera le mieux mise en rapports directs et utiles avec le climat, la terre et le mode de culture de cette localité.

Ainsi se passent les choses en culture. Tant il est vrai que, dans cet art, résultat de l'association du pouvoir de la nature et de celui de l'homme, la plus large part d'action, et fort heureusement, n'est pas toujours réservée à ce dernier, qui pourrait bien souvent, ou s'en montrer embarrassé, ou en être accablé.

ARTICLE IV

Temps et manière d'opérer les semis de tabac.

Dans le courant de février, et quand les gelées ne sont plus à craindre, que la température moyenne a atteint + 6° au moins, on sème la graine de tabac pour avoir du plant.

---

(1) *Cours d'Agriculture*, T. IV, p. 306.

Ce semis, qui est tout-à-fait une opération d'horticulture, se pratique comme celui des choux, des
laitues, etc... Il a lieu sur une plate-bande bien
préparée, bien travaillée, bien ameublie, bien
fumée, exposée au Midi et abritée contre les vents
du Nord.

Pour assurer la germination de la graine, les
cultivateurs de Lot-et-Garonne ont longtemps employé un procédé fort simple et fort ingénieux, et
dont voici la description : « On met dans un sac de
toile ou dans un pied de bas, la quantité de graine
nécessaire. Pendant huit ou dix jours, on fait trem-
per soir et matin ce sac dans une eau tiède, et on
le suspend sous la cheminée. Pour ne pas être si
souvent à faire tiédir de l'eau et avoir à-peu-près le
même degré de chaleur, les femmes des laboureurs
mouillent ces graines avec l'eau qui a servi à laver
leur vaisselle. Lorsque ces petites semences laissent
apercevoir des radicules blanches, il faut les mettre
en terre. »

Ce procédé, dont les avantages étaient surtout
précieux dans les années tardives, les années où le
froid et les pluies peuvent retarder les semis, n'est
plus employé aujourd'hui, par la raison que l'on
croit s'être assuré qu'il disposait le tabac à s'étioler,
à s'*échauder*, comme on le dit dans le pays.

Pour bien répandre la graine, que l'on sait être
extrêmement menue, 1 centimètre cube pouvant en

contenir 11,105, pesant 55 grammes, on peut la mêler avec de la terre légère ou du sable gras, et on la recouvre, avec cette même terre, d'une épaisseur tout au plus de quelques millimètres. Avant cette opération, on avait eu soin d'aplanir légèrement la plate-bande avec le dos d'une bêche, pour assurer l'uniforme répartition de la graine; après on en fait autant, pour bien mettre celle-ci en contact avec la terre et prévenir l'action du vent qui l'enlèverait et la porterait au loin.

Quelquefois, on recouvre le tout avec du fumier pailleux ou avec des ronces. On y répand de la colombine ou du terreau. Dans tous les cas, il faut avoir bien soin d'éloigner des semis les poules et autres animaux qui pourraient les ravager, et de veiller aussi à ce que les taupes et les insectes ne leur nuisent pas.

Une plate-bande de 2 mètres de largeur sur 6 ou 8 mètres de longueur, peut suffire pour le plant nécessaire à la garniture d'un hectare, c'est à dire fournir 25 à 30,000 plants.

La graine de tabac, surtout quand on n'a pas eu recours à la préparation indiquée ci-dessus, et reconnue aujourd'hui dangereuse, est très-longue à germer, un mois peut se passer avant qu'on la voie percer la terre.

Les arrosements légers et fréquents, si le temps est sec, avec de l'eau pure, car les mélanges sem-

blent encore disposer le tabac à s'échauder; les cou-
vertures en paille, nattes, etc., si le temps est froid;
les *éclaircis*, quand les plantes sont trop rappro-
chées; les sarclages superficiels et délicats; enfin,
tous les soins, toutes les précautions usitées par les
horticulteurs pour leurs semis analogues, ne doivent pas être épargnés jusqu'au moment où le tabac
sera bon à transplanter, jusqu'au mois de mai.

Les cultivateurs feront bien aussi de ne pas cal-
culer trop juste à l'égard de l'étendue à donner à
ces semis; car ils ne sauraient espérer de voir toutes leurs plates-bandes également garnies de plants,
et, d'ailleurs, ils pourront avoir de nombreux remplacements à faire, et, malgré tous leurs soins,
plus d'un d'entre eux sera obligé de recourir à ses
voisins pour les sujets qui lui manqueront.

ARTICLE V

Transplantation du Tabac.

Deux mois et demi à trois mois se sont écoulés
depuis le semis de la graine de tabac; on est arrivé
aux derniers jours de mai, et il faut songer à planter, à repiquer, pour nous servir du terme adopté
par la pratique; car l'époque moyenne de cette plantation, nous l'avons déjà dit, sous le climat du Midi,
peut être fixée au 1er juin. Le plant, s'il a réussi,

et cela n'arrive pas toujours, a 4 à 5 feuilles, et sa hauteur est au moins de 5 à 8 centimètres.

La terre vient de recevoir ses derniers labours, ses derniers hersages, ses derniers émottages ; en un mot, tout ce qui peut assurer sa division la plus complète, son ameublissement le plus absolu, a été fait.

Elle a été disposée en billons. Mais ces billons, formés de quatre tours de charrue, n'ont pas été complètement achevés ; car entre chacun d'eux on en a laissé d'autres plus petits, nommés *cavaillons* A A, *fig.* 1, comme s'il s'était agi d'une terre à ensemencer en blé.

Au moyen du rateau, ces cavaillons ont été arrondis, et c'est sur leur crête que doit être planté le tabac. Les billons plus élevés qui sépareront ainsi chaque rangée de tabac, qui les abriteront, prennent le nom d'*arbours* BBB : ils ont environ 25 centimètres de hauteur, tandis que le cavaillon n'en avait que 18 à 20 avant d'avoir été arrondi, *arrazé*, et en a bien moins encore après cette opération.

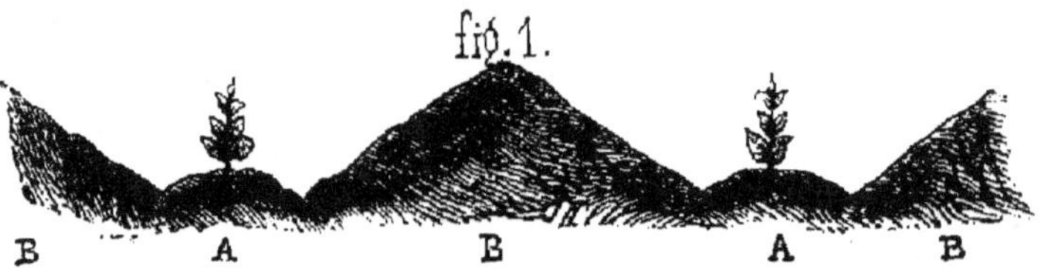

fig. 1.

Si l'on a pu soi-même faire venir le plant, on l'arrache en choisissant le plus beau, pied par pied, et après une pluie ou un arrosement qui permettent de l'enlever sans déchirer les racines. On fait cet arrachement à mesure des besoins. Si on l'a pris ailleurs, on a eu soin de ne se le faire délivrer qu'au moment de s'en servir; on a pris toutes les précautions usitées en pareil cas pour le maintenir frais; on l'a déposé debout, côté à côté, dans des corbeilles profondes; on l'a recouvert avec des feuilles fraîches d'autres plantes, ou avec un linge mouillé.

Le jour choisi pour la plantation, si le temps est sec et le soleil ardent, on ne devra faire cette plantation que dans l'après-midi. Toujours on aura eu soin de s'assurer et de transporter sur les lieux et dans des cuves ou barriques, si l'on ne peut faire différemment, l'eau nécessaire pour le premier arrosement.

Un certain nombre de personnes se partagent la besogne. Une fait les trous, avec le plantoir dont il sera question ci-après, et en ayant soin de leur donner au moins 15 centimètres de profondeur : ce que règle d'ailleurs le point d'insertion de la petite baguette dont est muni ce plantoir. Une autre place dans ce trou un pied de tabac, qu'elle portait dans un panier, veillant scrupuleusement à ce que la racine ne soit pas recourbée, mais au contraire établie dans la position complètement verticale; elle assujettit ce pied avec un peu de terre qu'elle fait tomber dans le trou et qui doit le remplir à-peu-près à moitié. On comprend que tout cela doit se faire à la main et avec le plus grand soin. Une troisième enfin, munie d'un arrosoir plein d'eau et garni d'un petit bec recourbé pouvant donner passage à un jet de 5 millimètres de diamètre, se présente et fait couler dans le trou l'eau nécessaire à un arrosement complet; puis elle achève de remplir de terre ce trou, à moins qu'elle ne laisse ce soin à une quatrième.

Dans tous les cas, ces deux dernières opérations doivent être faites avec une grande attention, de manière à ne point laisser tomber de terre et à ne point verser de l'eau sur l'*œil* du tabac, c'est-à-dire dans l'espèce de cornet que forment ses jeunes feuilles et d'où devra s'élancer la tige.

Si l'on négligeait ces deux observations, on s'exposerait à voir tous les pieds de tabac, à l'égard desquels on n'en aurait pas tenu compte, s'échauder et périr.

Il est des localités où l'on recouvre chaque pied de tabac d'une feuille de chou, de bardane, etc., afin de le défendre d'abord des atteintes du soleil ; mais on comprend que de tels moyens ne peuvent se concilier avec une plantation étendue, et qu'on ne doit y recourir que pour les derniers repiquages; pour ceux que nécessitent les vides qui ne manquent pas de se faire dans une plantation, surtout si le temps est chaud et quel qu'ait été d'ailleurs le soin qu'on peut y avoir apporté.

On plante, comme nous venons de le dire, sur le milieu du *cavaillon*, ce qui permet de fixer, même sans cordeau, les jeunes pieds sur une ligne parfaitement droite. On leur donne aussi la distance voulue par l'administration. Or, cette distance est tout-à-fait subordonnée au nombre de pieds que l'on doit planter par hectare ; nombre qui se trouve réglé lui-même par l'emploi que cette administration compte faire du produit.

Voici, sur ce sujet, des indications qui peuvent avoir varié sans doute, mais qui feront comprendre néanmoins combien sont étendues les limites de ces variations.

Pour le Lot-et-Garonne. . . 10,000 pieds par hectare au plus.
Pour le Bas-Rhin et le Nord. 30,000 — —
Pour la Gironde. . . . . . . 36,000 — —
Pour le Pas-de-Calais. . . . 50,000 — —

Ces nombres connus, l'espacement des pieds de tabac n'est plus qu'un travail géométrique. C'est ainsi que, dans le premier cas, ces pieds doivent être mis à un mètre l'un de l'autre dans tous les sens, et dans les cas suivants, ce double espacement devra être proportionnellement réduit.

Pour bien garder la distance convenue, on fait usage d'un plantoir en bois déjà mentionné, muni à sa partie inférieure d'une petite baguette formant un angle droit avec le plantoir et mesurant cette distance d'un trou à l'autre.

Il ne faut pas se dissimuler qu'il se passe ici pour le tabac, aussi bien que pour toute autre plante herbacée qu'on transplante, un temps extrêmement critique : celui qui s'écoule depuis le moment où, par suite du déplacement, les jeunes racines ont cessé de puiser les liquides que leur offre la terre, jusqu'au moment où cette faculté se trouve rétablie; où, de nouveau, elle peut faire équilibre à l'évaporation par les feuilles, que provoquent à l'extérieur le soleil et la lumière. On comprend dès-lors combien les dispositions du temps et les précautions employées, peuvent avoir de l'importance pour l'accomplissement du travail que nous venons de décrire.

Néanmoins, tous les pieds mis en terre ne réussissent pas, et il faut revoir plusieurs fois la plantation : soit pour aider par des soins, par des arrosements surtout, ceux qui paraissent souffrir : soit pour remplacer ceux qui n'ont pu résister à cette épreuve et qui sont morts.

C'est surtout quand le printemps se trouve sec et chaud que ces remplacements peuvent devenir nombreux. En 1854, année particulièrement remarquable sous ce double rapport, il fallut y avoir recours pour la moitié au moins des sujets plantés.

La revue du champ, qui doit être quotidienne, au moins pendant les quinze premiers jours qui suivent la plantation, peut encore être motivée par les pluies un peu fortes survenues pendant ces mêmes jours ; ces pluies, effectivement, en ravinant le sol, peuvent déraciner le jeune tabac ou le couvrir de terre : deux alternatives également capables de le détruire.

ARTICLE VI

Travaux et soins qu'exige le tabac pendant sa croissance.

Comme toutes les plantes sarclées, le tabac exige des travaux nombreux, des soins multipliés, aussi bien pour lui-même que pour la terre, qui perdrait, sans cela, tout l'avantage que lui assurent, agricolement parlant, ces sortes de plantes.

Quelques jours se sont à peine écoulés depuis la plantation, le tabac commence à se tenir debout, à allonger ses feuilles, et déjà, favorisées par la bonne préparation de la terre, excitées par la saison, les plantes sauvages commencent à l'envahir ; déjà il faut songer à l'en débarrasser.

Quelques légers sarclages sont alors nécessaires. Ils le sont encore lorsque, dans cette même période, il est survenu une pluie assez forte pour délayer la surface de la terre : pour la disposer à former, sous l'action du soleil qui a suivi, une croûte dont l'effet immédiat est de s'opposer, au grand dommage de la plante, à toute relation entre l'atmosphère et l'intérieur de la terre.

Une observation essentielle, aussi bien pour les labours à la charrue que pour les façons à la main, c'est de ne pas fouiller la terre trop profondément dans le voisinage des racines, de crainte de les offenser. A cet égard, l'expérience semble avoir démontré que l'extrémité des feuilles devait être la limite de ces fouilles: les racines suivant, dans la terre, la même progression pour leur développement que les feuilles dans l'atmosphère.

Mais bientôt arrive le moment du premier labour. Une charrue sans versoir, une sorte de *binot*, passe dans chaque rang; les bœufs qui l'a traînent laissent eux-mêmes entre eux une rangée de tabac, comme ceux du Médoc laissent une rangée de vigne. De cette manière, le billon élevé qui séparait encore les rangs de tabac entre eux, et que nous avons nommé *arbour*, pour le distinguer de l'autre plus petit, sur lequel a eu lieu la plantation, et que nous avons nommé *cavaillon*, se trouve détruit. La terre qui le composait a été jetée à gauche et à droite, et le champ n'offre plus qu'une surface horizontale, conservant à peine les traces de la charrue dont le passage a opéré ce changement (*fig.* 2).

C'est ordinairement un mois après la plantation qu'a lieu cette première façon, vers la fin de juin.

Vers la mi-juillet, il faut en donner une autre, et celle-là est aussi précédée par un sarclage à la main; par l'enlèvement et la destruction de toutes les mauvaises herbes que leur situation, entre les pieds, mettrait à l'abri de l'action de la charrue. En même temps, on a également eu soin d'enlever les feuilles les plus basses, celles qui touchaient le sol; on les a déchirées et déposées au pied du tabac.

Usant cette fois de la charrue ordinaire, de la charrue à versoir, on jette la terre contre les rangs de tabac, de manière à les chausser, à préparer une raie entre chaque rang, à commencer un large billon, un billon ordinaire, sur le sommet duquel la plante devra mûrir. Ce labour est également suivi de travaux à la main, ayant pour but de compléter le chaussage que la charrue n'aurait fait qu'imparfaitement, de dégager les feuilles qu'elle aurait recouvertes en totalité ou en partie (*fig.* 3).

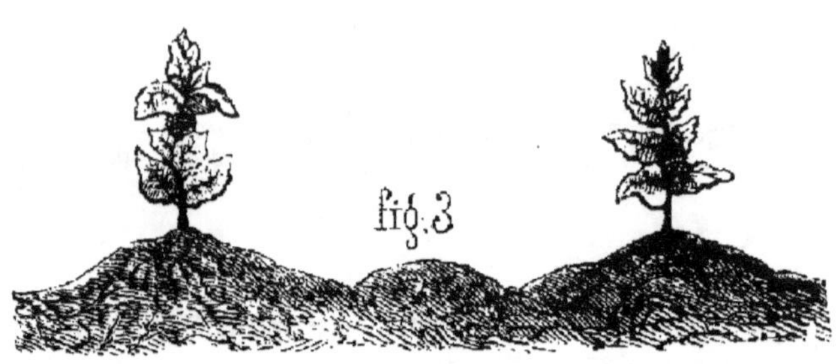

Vers le commencement d'août, un troisième labour, précédé des mêmes opérations de sarclage et
d'enlèvement des feuilles trop basses, a encore lieu
Celui-là, qui est le dernier, achève de creuser la
raie séparative des rangs, et de former le billon sur
le sommet duquel le tabac mûrira. Une façon au rateau, qui le suit, chausse définitivement la plante,
arrondit le billon et lui donne ces contours gracieux
auxquels nos laboureurs attachent, non sans raison, une certaine importance (*fig.* 4).

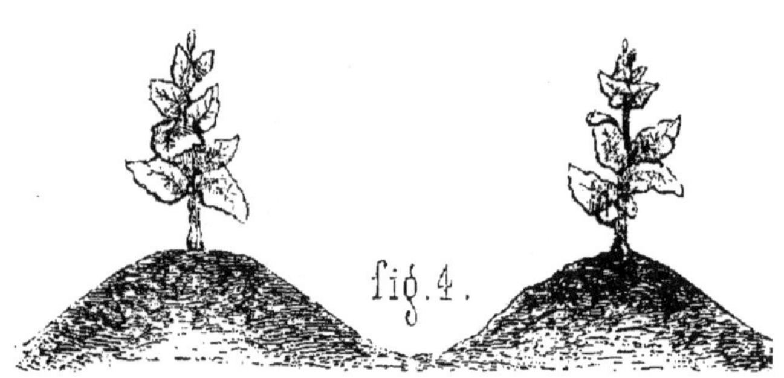

On comprendra sans peine que, dans les détails qui précèdent, il s'agit des plantations de tabac, telles qu'on les pratique dans le Lot et dans le Lot-et-Garonne : départements bien dignes, sous ce rapport, d'être cités pour modèles, bien qu'ils n'admettent que 10,000 pieds à l'hectare. Dans ceux où ce nombre est double, triple et quadruple même, cet ensemble de culture doit nécessairement subir des modifications, si non dans le fond, au moins dans la forme. C'est aux cultivateurs à juger, d'après les circonstances qui les entourent, les moyens dont ils disposent, etc., sur quels points doivent porter ces modifications.

Tous ces soins, tous ces travaux, joints à la marche de la saison, ont considérablement activé le développement de la plante ; déjà ils lui ont fait produire, soit du pied, soit de l'aissèle des feuilles les plus gaillardes, des rejetons qu'il faut enlever avec soin, qui sont très-cassants, que des femmes devront continuer à supprimer de huit jours en huit jours, jusqu'au moment de la récolte, et dont les débris deviennent une sorte d'engrais pour chaque sujet au pied duquel on les dépose.

Déjà aussi est arrivé le moment d'arrêter le développement vertical de la tige, d'en supprimer la partie supérieure, enfin de l'écimer.

« Il est temps de supprimer la tête de la plante lorsque le bouquet, qui doit donner des fleurs, paraît bien sensiblement parmi les feuilles qui l'entourent, et est à-peu-près à la même élévation qu'elles. On pince la plante de manière à enlever les quatre ou cinq petites feuilles voisines du bouquet ; la tige casse net, et, trois ou quatre jours après, la plaie est totalement cicatrisée ; les deux feuilles les plus voisines de la cassure se réunissent comme pour garantir la plaie de l'impression de l'air, et ne reprennent leur situation ordinaire que lorsqu'elle est parfaitement guérie. »

C'est vers le même temps aussi que se fait le règlement du tabac; c'est-à-dire la suppression de toutes les feuilles que l'on ne voudra pas conserver, en sus des dix au moins que tolère la régie sur chaque pied.

Cette opération prend le nom d'*écimage*; elle a pour but, en réduisant tous les pieds de tabac d'une pièce au même nombre de feuilles, d'abord d'assurer le plus grand développpement de ces feuilles, en second lieu de faciliter à l'Administration des Contributions indirectes, la prise en charge des récoltes et la surveillance qu'elle doit exercer à leur égard.

Ici encore, et comme pour le nombre de pieds à planter, la loi n'est pas uniforme, et les règlements spéciaux en matière d'écimage, sans être précisément arbitraires, s'inspirent de circonstances et de nécessités qu'il serait assez difficile d'exposer en détail.

Dans le Lot et le Lot-et-Garenne, c'est huit à neuf feuilles par pied ; dans la Gironde, c'es dix au moins ; dans l'Ille-et-Vilaine, c'est huit ou dix ; dans le Pas-de-Calais et le Bas-Rhin, c'est douze ou quinze.

Mais toujours et partout, l'écimage doit être établi par pièce ou par section de pièce, et dans ce dernier cas, des jalons doivent indiquer les points et les limites de son changement.

Dans ce règlement, on le comprend sans peine, le cultivateur doit tenir compte de l'état du pied et de son plus ou moins de vigueur ; non-seulement pour lui donner le nombre déterminé de feuilles, mais aussi pour laisser ces feuilles à une distance plus ou moins grande de la surface du sol. Ainsi, si le pied est vigoureux, on règle haut, à-peu-près à dix centimètres de terre ; s'il est faible, cette hauteur ne peut plus être que de moitié environ.

Il n'est peut-être pas toujours possible de faire toutes ces opérations en même temps, et sur toute l'étendue d'une plantation, surtout si la saison, lors de la mise en terre, a exigé de nombreux remplacements et causé de l'inégalité dans le développement. A cet égard, c'est encore au cultivateur à apprécier l'état de sa culture et à agir d'après les résultats de cette appréciation.

Une pluie que l'on pourrait prévoir et qui suivrait cette même opération lui serait très-salutaire : elle aiderait la plante à mieux supporter des mutilations qui ne peuvent que lui être sensibles et l'éprouver un peu.

Arrivé à ce point, le tabac n'a plus besoin que de surveillance et des travaux hebdomadaires pour la suppression des rejetons. Sur le sommet du billon qu'il couronne, on le voit former un cordon de verdure non interrompu. On voit ses feuilles, dont l'ampleur augmente chaque jour, prendre de plus en plus une attitude penchée et arrondie, et dérober bientôt toute la surface du sol à l'action des rayons du soleil; enfin, on les voit se foncer, se tacher en jaune-pâle; on sent, aux approches du champ, une odeur de tabac, une exhalaison de nicotine de plus en plus prononcées : signes certains que la plante est mûre, et que le moment de la récolte est venu.

A ce moment, la gomme qui recouvre les feuilles et que renouvelle sans cesse l'activité vitale de cette plante est si abondante, qu'il suffit de parcourir les rangs de la plantation pour en imprégner ses habits. Ce qui explique pourquoi les hommes et les femmes, employés aux travaux de cette culture, ont toujours soin, durant leurs opérations, de recouvrir leurs vêtements d'une longue chemise de toile forte.

Une dernière observation, que nous n'avons pu placer encore dans cet article, ne doit pas non plus être omise : elle servira à expliquer pourquoi il y a avantage à régler le tabac aussi haut que possible, aussi haut que le permet son état de végétation. Effectivement, l'expérience a démontré que les meilleures feuilles étaient celles des sommets, et, dans le Lot-et-Garonne, ce sont ces feuilles qui concourent à former les premières qualités, tandis que les inférieures sont presque toujours plus ou moins altérées ; mais aussi elles ont généralement plus de poids.

ARTICLE VII

Accidents divers qui peuvent surprendre le tabac durant sa période de développement.

Nous avons déjà dit que le tabac était une plante très-impressionnable ; que les météores et les autres circonstances naturelles avec lesquelles il se trouvait en rapport, pouvaient agir sur lui et compromettre bien souvent ses produits, au double point de vue de la quantité et de la qualité.

Le tabac craint les sécheresses, qui s'opposent à son complet développement, nuisent à l'ampleur de ses feuilles et réduisent son produit en poids.

Comme il s'agit ici d'une plante principalement des contrées méridionales, il est clair que ce genre de météore doit l'atteindre quelquefois, puisqu'il est un des dangers les plus graves pour l'agriculture de ces contrées, une des causes qui ont imposé à cette agriculture un caractère tout particulier.

Il y a sécheresse et danger pour les plantes en terre, toutes les fois que ces plantes ne peuvent plus se procurer, dans le sol, par leurs racines, toute l'humidité qu'évaporent leurs feuilles, sous l'influence d'une température à laquelle ajoute de plus en plus la disette des pluies.

Les premiers effets d'un tel régime sont de ralentir l'accroissement de la plante, de la porter à élaborer les sucs qu'elle contenait déjà ; à former ses boutons et à entrer en floraison avant le moment de son entier développement. Ce dernier phénomène est très-facile à saisir chez certaines plantes de jardins semées en été, particulièrement chez les radis.

Poussée dans ses dernières limites, la sécheresse arrive enfin à flétrir et à griller la plante. Rarement, il est vrai, cette dernière conséquence peut être le partage du tabac, qui trouve dans sa constitution vigoureuse et dans l'humidité des nuits, de quoi résister au météore. Cependant on a vu des années où les produits de cette plante avaient été ainsi considérablement réduits. Comme exemple, nous pouvons citer notamment 1862.

On comprend que la nature de la terre, selon qu'elle est argileuse et fraîche, ou sablonneuse et sèche, peut beaucoup ralentir ou accélérer les phénomènes ci-dessus. On comprend aussi que des bonnes façons données à cette terre, lors de sa préparation, surtout des labours profonds, sont des moyens préservatifs d'une grande valeur.

Le tabac craint les longues pluies, qui contrarient l'élaboration de ses sucs, l'encombrent de sève, rendent sa maturité incertaine, sa dessiccation et sa conservation difficile, et le privent de ses qualités les plus précieuses.

Ici le phénomène est diamétralement opposé au précédent. Tout ce qui était défaut dans le premier cas devient excès dans le second, et si le produit peut être abondant, il ne peut non plus que laisser beaucoup à désirer sous tous les autres rapports.

En 1860, les tabacs, et par les mêmes causes, ne valurent pas plus que les vins.

Il est à remarquer aussi, et cette considération a une grande valeur, quand il s'agit comme nous l'avons déjà dit, de produits qu'apprécient l'odorat et le goût; il est à remarquer aussi que les années durant lesquelles le ciel est pluvieux, refusent aux plantes une autre condition essentielle de leur développement normal : la lumière. Pour le tabac, ce défaut est capital, et l'on doit le comprendre au nombre des raisons pour lesquelles les produits de cette plante, pendant les années pluvieuses et sombres, restent sans arôme et sans montant.

Le tabac craint les grands vents qui froissent ses feuilles les unes contre les autres, les déchirent, les brisent et arrêtent leur maturation.

Ce danger est tel qu'il est certaines localités où le tabac ne peut être cultivé à cause de cela. Nous en connaissons, notamment dans le Lot-et-Garonne, sur le sommet de ces gracieux côteaux qui marquent, à leur jonction, la rive droite de ces deux cours d'eau.

Le tabac craint la grêle, non pas seulement parce que ce météore destructeur perce et brise ses feuilles ; mais encore parce qu'on dirait, comme le croient notamment les vignerons, par rapport aux raisins, qu'il y introduit un venin, quelque chose qui en altère profondément la qualité.

Le tabac craint aussi, et par-dessus tout, ce météore tant redouté dans le Midi, et désigné sous le nom de brouillard.

Déjà, dans le siècle dernier, un observateur d'un certain mérite, M. le chevalier de Vivens, de Clairac, disait, à propos de ce météore : « Ce qu'on appelle mauvais brouillard dans cette province n'est pas ce brouillard visible qui n'est proprement qu'un nuage dont la pesanteur spécifique varie ; c'est une espèce de vapeur maligne qui fait avorter tous les fruits et dont l'effet est quelquefois si prompt et si étendu, qu'il détruit en moins de vingt-quatre heures toutes les moissons d'une plaine. »

» Pour nous faire éprouver ses funestes effets, ajoutait à son tour M. de Saint-Amans, dans sa *Statistique du département de Lot-et-Garonne*, et

en parlant de ce même brouillard, il suffit quelquefois qu'une matinée sombre et vaporeuse, qu'une
brume légère soient immédiatement suivies d'un
coup de soleil vif et brillant. Presque à l'instant la
fleur se dessèche dans le bouton, le fruit déjà formé
s'anéantit, le grain disparaît dans la bâle calicinale,
et le riant espoir des vendanges s'évanouit. Ainsi
les plus belles récoltes échappent souvent à la faux
du moissonneur, la veille du jour même qu'il s'ap-
prêtait à les cueillir ! »

Ce brouillard, dont la physique explique les phénomènes justement redoutés (1), n'épargne pas plus
le tabac que les autres produits de l'agriculture. Les
feuilles qui en sont frappées se montrent parse-
mées d'une multitude de taches blanches qui con-
trastent de la manière la plus sensible avec la couleur jaune-doré que peut acquérir encore toute la
partie épargnée par le météore. La solidité du tissu,
sa souplesse, le parfum qui devrait s'en dégager,
tout a disparu sous cette influence pernicieuse, et
des produits qui auraient pu être classés dans les

---

(1) En disant que les gouttelettes acqueuses, sous forme
desquelles il retombe lorsqu'il survient un vent qui refroidit
la région atmosphérique où il se trouve, deviennent comme
autant de verres lenticulaires, capables de réunir les rayons
solaires et de leur procurer ainsi une force telle qu'ils brû-
lent à l'instant les parties du végétal qui les supporte

premières qualités se trouvent ainsi rabaissés jusqu'aux plus inférieures.

C'est surtout au moment de l'écimage que le brouillard est à craindre, qu'il crispe, qu'il enroule l'extrémité des feuilles en forme de tire-bouchon.

Quelquefois aussi, et cette remarque a été faite déjà dans plusieurs localités, notamment aux environs de Paris, en 1827, on voit le brouillard provoquer la naissance d'une multitude d'insectes, chenilles et mouches, qui deviennent pour les plantes un nouveau fléau non moins redoutable.

Il y a bien longtemps qu'un habile praticien, dans la culture du tabac, nous parlait de ces mouches à peine visibles et auxquelles il attribuait toute l'action du météore ; et, plus récemment, un autre nous a encore assuré avoir vu, à la suite du brouillard, des pieds de tabac littéralement couverts de ces petites mouches, que la gomme particulière à cette plante retenait captives et qui y trouvaient ainsi la mort.

A cette longue liste d'intempéries, nous pouvons joindre encore la gelée qui peut surprendre le tabac à l'automne, dans les années tardives et comme cela s'est vu en 1860, le 13 octobre.

Dans le règne végétal, le tabac a aussi des ennemis redoutables, indépendamment de toutes ces herbes que font surgir la bonne préparation de la terre qui lui est accordée et le peu d'espace qu'il y occupe, pendant les premières périodes de son développement.

Au nombre de ces ennemis, il faut particulièrement citer l'orobanche (*Orobanche ramosa*), vulgairement *chancre*, plante parasite qui se multiplie quelquefois tellement, dit M. de Saint-Amans (*Flore agenaise*), dans les chanvres et les plantations de tabac, qu'elle leur porte un préjudice notable. C'est ordinairement vers la fin de juillet que l'orobanche se développe, qu'elle pousse avec vigueur autour du pied de tabac : s'implantant dans sa racine et lui enlevant ainsi le concours précieux d'une grande partie de la sève.

Ce genre de préjudice, beaucoup plus commun aujourd'hui qu'il ne l'était il y a quelques années, au temps où nous habitions le Lot-et-Garonne, témoigne, il faut bien le dire, d'une certaine fatigue de la terre dans laquelle vient le tabac, d'un ennui pour un genre de produit trop longtemps répété.

Cette explication ne paraîtra pas extraordinaire, lorsqu'on saura que, pour le tabac précisément, il y a des exemples d'abus poussés tellement loin, que des terres, jadis renommées pour cette culture, sont arrivées à ne plus pouvoir l'admettre utilement. « Quoique les campagnes du Maryland et de la Virginie soient fort supérieures à toutes les autres, elles ne peuvent être regardées comme très-fertiles. Les anciennes plantations ne rendent que le tiers du tabac qu'on y récoltait autrefois. Il n'est pas possible d'en former beaucoup de nouvelles, et les cultivateurs ont été réduits à tourner leurs travaux vers d'autres objets (1). »

Dans le règne animal, il est encore pour le tabac de redoutables espèces.

Lorsqu'il vient d'être mis en terre, qu'il est flétri, que ses feuilles sont collées au sol, si le temps se maintient humide, les limaces peuvent l'attaquer, comme cela s'est vu notamment en 1852.

Plus tard, une sorte de larve, dont nous regrettons de ne pouvoir préciser le nom, de couleur rougeâtre, à pattes, longue de quelques millimètres, s'introduit dans sa tige, la perfore, la corrode et fait mourir le pied : c'est ce que les paysans de Lot-et-Garonne appellent *queyrotte*.

Plus tard encore, arrive la larve du hanneton, le redoutable mans ou ver-blanc, qui le détruirait facilement, si la flétrissure du pied ne la trahissait, et s'il n'était alors facile, en creusant avec soin, de lui mettre la main dessus et de l'écraser.

La courtillière, ou taupe-grillon, peut aussi lui faire beaucoup de mal, et il faut bien le reconnaître, sans qu'on puisse ni s'opposer à ses ravages, ni l'empêcher de les commettre.

---

(1) G.-T. Raynal : *Hist. philosophique des deux Indes.* t. IX.

Quelquefois aussi, on voit une certaine espéce de sauterelle verte (*Laucusta viridissima*) manger le parenchyme des feuilles et ne laisser que les fibres, que les côtes. Enfin, on assure encore que la punaise grise (*Pentatoma grisea*), et la bleue (*P. cœrulea*), font périr les pieds sur lesquels elles s'établissent. Citons aussi, d'après le célèbre entomologiste de Lille, M. J. Macquart, deux lépidoptères : la plusie gamma (*Plusia gamma,* Lin.) et l'hadena du chou (*Hadena brassicæ,* Lin.)

Mais à tout cela, à cette liste déjà si longue des risques qui menacent le tabac pendant le peu de temps qu'il reste sur terre, il faut surtout joindre la tendance qu'a cette plante à suspendre tout-à-coup sa végétation, à tomber dans l'atonie, dans l'étiolement, en un mot à s'*échauder.*

Sans cause apparente, sans rien qui ait pu faire craindre un tel résultat, il n'est pas rare de voir dans une plantation des pieds plus ou moins nombreux, souvent des rangs entiers, être surpris par cet accident. Les praticiens, qui ne connaissent pas de remèdes à un tel mal, prétendent qu'il peut remonter jusqu'à la graine elle-même d'où est sorti le sujet frappé, ou au moins jusqu'au jeune plant qui en aurait déjà reçu le germe sur les couches dont on l'a extrait. Voilà pourquoi ils prohibent tout arrosement de ces couches avec des liquides autres que de l'eau pure, et pourquoi quelques-uns d'entre eux vont jusqu'à se vanter de pouvoir, à ce moment, par des signes que leur ont révélés l'expérience et l'observation , distinguer les plants qui devront s'échauder et qu'il faudra par conséquent , lors de la plantation, mettre de côté.

Ce dernier fait n'est peut-être pas aussi hasardé qu'on pourrait le croire, et il serait possible de citer des appréciations analogues, tout aussi difficiles à expliquer. A propos de la Giroflée quarantaine (*Cheiranthus annuus*) , le *Bon jardinier* dit : « Les enfants des maraîchers de Paris élèvent des quarantaines à leur profit, et savent reconnaître les individus à fleurs doubles, quand ces plantes n'ont encore que quatre feuilles : alors ils suppriment tous ceux à fleurs simples , et cette opération s'appelle *Essimpler*. »

ARTICLE VIII

Récolte du tabac.

Le moment de la récolte est enfin arrivé ; le cultivateur de tabac, en considérant son œuvre, peut, ainsi que le dit le vénérable abbé Rozier, se livrer à tout le charme de ces moments délicieux, que l'intérêt concourt à former sans doute ; mais dans lesquels cependant il faut voir plus encore la douce satisfaction d'un amour-propre légitime.

Le tabac offre de toutes parts les caractères distinctifs d'une maturité complète, que nous avons
signalés à la fin de l'article VI, et qui sont la conséquence pour lui, et des soins qu'on lui a donnés,
et des expressions météorologiques des jours durant
lesquels s'est accomplie sa végétation.

Terme moyen dans le climat du Midi, ces jours
ont été de 86 (du 1er juin au 25 août), et il est facile
de savoir combien de degrés de chaleur il a fallu au
tabac pour atteindre le dernier point de sa maturité.
Pour cela, il suffit de faire une moyenne commune
des températures des mois qui les ont fournis, et
de multiplier le total de ces mêmes jours par cette
moyenne.

Dans ce calcul, nous nous servons des chiffres
particuliers à la Gironde, et qui ne diffèrent pas
essentiellement de ceux de Lot et de Lot-et-Garonne.

Ainsi, température moyenne de juin. . $+ 19°,2$

Id.   id.   de juillet. $22°,8$

Id.   id.   d'août. . . $22°,8$

Moyenne commune. . . . $21°,6$

Or, 86 jours $\times$ 21° 6 de chaleur $= 1,857°$ de
chaleur totale.

Ces calculs devront nécessairement être modifiés
suivant les climats; mais il restera toujours ce fait
acquis : c'est que, pour assurer la végétation utile
du tabac dans une localité quelconque, il faudra
pouvoir lui assurer une quantité totale de chaleur

atmosphérique semblable à celle qu'expriment 1,857". Autrement, aussi bien pour le tabac que pour toutes les autres plantes cultivées, et comme l'expose M. J.-B. Boussingault, « la durée de la végétation sera la même, quelque différent que soit le climat, si la température est identique de part et d'autre ; elle sera ou plus courte ou plus longue, selon que la chaleur moyenne du cycle sera elle-même plus ou moins forte (1) ».

Dans ses expressions locales, cette même règle voit son application modifiée selon les années. Ainsi, dans les années où l'été est plus chaud que la moyenne, le tabac mûrit plus rapidement, il lui faut moins de temps pour réunir la somme de chaleur qu'il exige, et *vice-versà*.

Dans tous les cas et sous tous ces rapports, il y a cette grande différence à établir, par rapport au tabac, entre les climats du Midi et ceux du Nord : dans le Midi, on peut être contraint, lors de la récolte, de s'astreindre à plusieurs triages successifs des pieds mûrs et de ceux qui ne le sont pas : dans le Nord, ce triage peut s'étendre jusqu'aux feuilles elles-mêmes et devenir par conséquent beaucoup plus assujettissant.

Du reste, il paraît qu'à l'égard de cette dernière

____

(1) *Économie rurale*, t. II, p. 659.

manière de procéder, il y a encore, pour le Midi,
une autre raison, puisée dans la nature même du
produit; dans le soin que l'on doit prendre de lui
conserver toutes les qualités dont il est susceptible,
raison que M. le comte de Gasparin expose ainsi :
« Dans les pays méridionaux, les feuilles de tabac,
moins épaisses, moins saturées d'eau, ne tardent
pas, sous l'influence d'un climat chaud et sec, à se
dessécher aussi complètement que l'herbe des prés
qu'on convertit en foin; dans cet état, elles con-
servent leur verdeur, mais la fermentation ne peut
s'établir. Pour prévenir cette forte dessiccation, il
faut donc, ou soustraire immédiatement les feuilles
à l'action du soleil en les portant à l'ombre au moment où on vient de les cueillir, ou couper la tige
à laquelle adhèrent les feuilles, ce qui conserve
plus longtemps leur humidité (1). »

Pour opérer la récolte du tabac, on coupe chaque pied à quelques centimètres de terre, au moyen
d'une serpe, et on les dépose en travers sur les
billons, avec soin et de manière à ne pas déchirer
les feuilles.

Une heure après environ, selon que le soleil a
plus ou moins de force, on retourne ces pieds pour
bien assurer leur flétrissure et les mettre dans un
état tel qu'il puisse être facile de les remuer, de les

____

(1) *Cours d'Agriculture*, t. IV, p. 511.

mettre sur la charrette qui doit les transporter sans en briser les feuilles. Ce transport se fait le jour même ; quelquefois cependant le tabac coupé peut passer la nuit sur le champ, si le temps est beau.

———

Ici finit la deuxième partie de notre travail, relative à la culture proprement dite du tabac. On reconnaîtra que, dans tout ce qui précède, nous nous sommes principalement inspiré de ce qui se fait dans les départements du Midi, admis depuis longtemps au bénéfice de cette culture, et peut-être pourrait-il se rencontrer des personnes qui désapprouveraient cette manière d'agir ; qui penseraient qu'il eût été plus convenable d'aller chercher plus loin nos exemples, de les prendre dans la région du Nord, dans la contrée que l'on a l'habitude de considérer comme devant en tout et toujours servir de modèle en agriculture.

A cet égard, nous ferons remarquer qu'une des causes essentielles de la différence des systèmes de culture entre les peuples divers, c'est le climat. Or, entre le climat de la région du Nord admise au bénéfice de la culture du tabac, et celui de la région du Midi appelée à jouir de la même faveur, il y a une différence des plus marquées, et le cultivateur qui négligerait d'en tenir compte, qui croirait pouvoir être belge ou flamand, sur les bords de la

Garonne, de nombreux exemples ne l'ont que trop
prouvé, se tromperait grandement et s'exposerait à
de cruels mécomptes.

D'ailleurs, il s'agit ici d'une plante originaire des
pays chauds et qui a besoin, pour réunir toutes les
qualités susceptibles de devenir son partage, non-
seulement de contrées où la chaleur est forte et
soutenue, mais encore, dans ces mêmes contrées,
d'années durant lesquelles les pluies et autres circonstances analogues, ne viennent pas leur enlever
ce bénéfice.

Le tabac est cultivé avec succès, avec distinction,
depuis un siècle au moins, dans la région agricole du
Midi (Lot et Lot-et-Garonne). Plusieurs généra-
tions d'hommes intelligents, d'hommes intéressés à
obtenir de cette culture tous les avantages possibles,
n'ont cessé de la rendre l'objet de leurs efforts per-
sévérants et de leur application : comment donc ne
pas avoir foi dans leurs procédés, comment ne pas
se fier à leurs indications ?

Au reste, le monde agricole proprement dit, et
Mathieu de Dombasle à sa tête, sont bien revenus
aujourd'hui de cette manière de raisonner, qui
consistait à condamner sans distinction tout ce qui
se faisait dans une localité déterminée, tout ce que
la tradition y avait conservé, pour y substituer des
méthodes de pays plus ou moins éloignés, de pays
dont le climat pouvait être tout-à-fait différent.

L'expérience d'une part, expérience bien coûteuse; la théorie de l'autre, théorie s'appuyant sur les démonstrations les plus positives des sciences naturelles, ont mis hors de doute aujourd'hui que pour être bon agriculteur, pour prouver la légitime possession de cette honorable qualification, par le profit, sans lequel l'agriculture ne serait plus qu'un vain mot, il fallait être non-seulement de son époque, en s'associant aux progrès qu'elle comporte; mais encore de son pays, en s'assujettissant aux obligations qu'imposent son climat, ses terres, ses besoins et les autres circonstances qui lui sont particulières.

TROISIÈME PARTIE

ARTICLE Iᵉʳ

Dessiccation du Tabac.

Nous avons déjà vu quelles étaient les considérations, d'après M. le comte de Gasparin, qui faisaient que, dans la région du Midi, il y avait plus d'avantage à récolter le tabac par pied et à le faire sécher de même. Peut-être ces considérations auront elles plus de force encore, quand il s'agira de tabac venu dans des terrains légers, excités par une chaleur ardente, et qu'une dessiccation trop rapide et telle que la déterminerait la séparation immédiate des feuilles de la tige, priverait encore des sucs que celle-ci peut momentanément leur fournir, du poids qu'elle peut leur garantir.

La question des séchoirs est une question capi-
tale et que ne doivent pas perdre de vue les planteurs, sous peine de se trouver extrêmement em-
barrassés au moment de la récolte. Là se rencontre
encore un des avantages de la petite propriété sur
la grande ; de l'homme qui a pu non-seulement
cultiver et soigner son tabac par lui-même, mais
qui peut encore, pour aussi modeste que soit son
habitation, le placer, après la récolte, dans des
locaux où il séchera à l'ombre, ou l'air ne lui man-
quera pas, où il ne sera exposé ni à moisir, ni à
prendre cette couleur vert-citron qui le fait ordinairement rejeter par les commissions d'expertises
et le prive en effet de toutes ses qualités.

L'observateur qui a parcouru la vallée de la Garonne, principalement dans la partie où l'on cultive
le chanvre et le tabac, a pu remarquer la disposition particulière de presque toutes les maisons dé-
pendantes d'exploitations rurales ; de ce que l'on y
désigne, selon la localité, sous les noms de *métai-
rie*, *borde*, etc. Or, ces maisons, dont l'emména-
gement intérieur, nous ne craignons pas de le dire,
est un véritable chef-d'œuvre de simplicité, de
commodité, de facile surveillance, etc... (1), sont

---

(1) Chef-d'œuvre, en principe bien entendu ; car trop
souvent les détails secondaires y laissent à désirer, et l'on
perd ainsi le bénéfice d'un genre de construction extrêmement remarquable, au point de vue de l'agriculture.

toujours précédées par un hangar spacieux, ouvert au Midi, et dont le développement en façade n'a pas moins de 15 à 20 mètres et la hauteur de 8 à 10.

Sous ce hangar, on abrite la gerbe après la moisson, on dépose le chanvre après son rouissage, on suspend le tabac pour sa dessiccation. Néanmoins, comme ce lieu est presque toujours trop petit pour des plantations qui ne dépassent guère cependant un hectare, l'administration des contributions indirectes promet chaque année une prime à quiconque fera construire un séchoir spécial, sur le modèle de ceux de la Belgique et de la Hollande. Cette disposition, on la trouve reproduite dans tous les arrêtés préfectoraux portant règlement pour la culture du tabac.

Quoi qu'il en soit, dans tous les hangars dont il s'agit et dans toutes les autres dépendances analogues qu'on peut y ajouter, on dispose des étages successifs de perches de pin, de saule, etc., éloignées les unes des autres de 40 à 50 centimètres, fortement assujetties sur des traverses, soit avec des clous, soit avec des liens.

Les pieds de tabac sont liés deux à deux, par l'extrémité de la tige, avec un osier, un jonc ou de la paille, et le lien est laissé assez lâche, au moyen d'une torsion, pour que ces deux pieds puissent tomber verticalement au-dessous de la perche qui les soutient, et sans se toucher.

On comprend l'avantage des perches en bois sur les cordes tendues qu'on pourrait leur substituer : le diamètre de ces premières, de 6 à 8 centimètres en moyenne, assure aux pieds de tabac un écartement qui prévient leur contact, facilite la circulation de l'air, et rend la dessiccation complète.

Placé sur ces perches, avec toutes les précautions nécessaires, le tabac ne tarde pas à se flétrir complètement, ce qui augmente encore l'espace qui séparait chaque pied, et ajoute à la facilité qu'a l'air de circuler entre eux.

Le tabac reste un mois environ dans cet état; moins, si l'année a été chaude, s'il a bien mûri; plus, si elle a été humide, si la maturation a été lente et imparfaite; moins, si le temps est beau et sec; plus, s'il est pluvieux et humide.

Dans ce dernier cas même, il n'est pas rare de le voir moisir et s'altérer plus ou moins profondément. Alors il faut augmenter la ventilation du lieu, si c'est possible, ou se hâter de détacher les feuilles des tiges, d'en faire des paquets que l'on attache par le petit bout, le bout opposé au pétiole, et que l'on remet sur les perches. Nous avons vu des années tellement défavorables sous ces différents rapports, qu'il était nécessaire, en outre, de frotter les feuilles une à une pour enlever la moisissure qui recouvrait les côtes, à leur partie inférieure.

Il est bien rare, du reste, et quel que soit le

temps, que la dessiccation complète n'exige pas l'opération qui consiste à détacher les feuilles des tiges,
à les lier par leur extrémité supérieure et à les
remettre sur les perches jusqu'à parfait achèvement
de cette dessiccation, c'est-à-dire pendant dix à
quinze jours.

Si par quelque moyen artificiel, ou par quelque
autre cause, le tabac séchait trop vite, au lieu de
devenir roux-doré, il resterait vert et perdrait ainsi
considérablement de ses qualités et de sa valeur. Au
surplus, la dessiccation n'est complète que lorsque
la côte principale et longitudinale ne contient plus
aucune parcelle d'humidité, sans pour cela, néanmoins, avoir perdu sa souplesse.

Nous avons connu des propriétaires, un surtout,
qui ne quittaient plus la maison dès que le tabac
était à la pente ; qui surveillaient jour par jour sa
dessiccation, changeant les pieds d'exposition, selon
qu'ils séchaient trop vite ou trop lentement ; éffeuil-
lant tout ou partie des tiges, selon que le temps, ou
plus humide ou plus sec, rendait cette opération
nécessaire ; en un mot, se rendant momentanément
esclaves d'un produit qui est autant, nous l'avons
déjà dit, l'œuvre de celui qui lui fait subir les différentes préparations exigées, que celui de la terre
dont on l'obtient.

ARTICLE II

Préparation du tabac après la dessiccation

Si la récolte du tabac s'est faite de bonne heure, vers la fin d'août; si le temps, plus sec qu'humide, a favorisé sa dessiccation ; enfin, si les gelées ne sont pas trop hâtives, on peut procéder aux dernières préparations importantes qu'exige encore cette plante, avant l'arrivée de l'hiver proprement dit, et des expressions rigoureuses de température que doit amener cette saison.

Le tabac reconnu sec doit être descendu des séchoirs par un temps humide, par un temps de brouillard ou de pluie, en un mot, sous une influence atmosphérique qui permette de le manier sans le briser : toutes les précautions devant être prises d'ailleurs, tous les ménagements employés pour prévenir cet inconvénient.

Sitôt descendu, on s'occupe de détacher les feuilles des tiges, en les rangeant symétriquement les unes sur les autres et dans le même sens ; puis on les enlève pour les transporter sur un plancher et en confectionner des tas, formés de deux rangs de ces feuilles, placées de manière à entremêler leurs extrémités supérieures. Ces tas, ou *marcs*, selon l'expression usitée, ne doivent pas être trop hauts, environ 1 mètre au plus (*fig.* 5). Il faut veiller avec

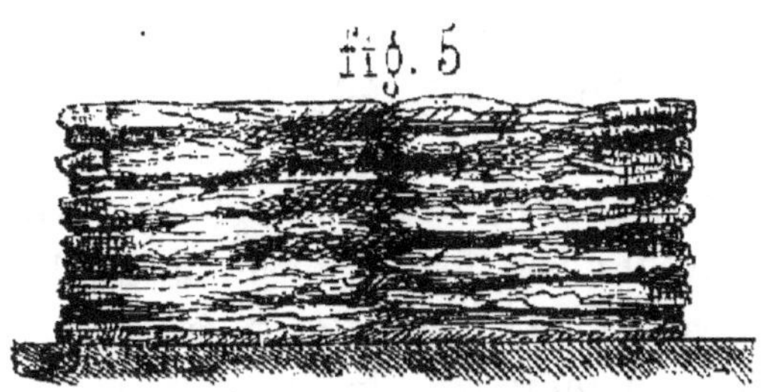

soin que le tabac n'y fermente pas d'une manière trop énergique ; qu'il ne s'y échauffe pas, ce à quoi on porte remède immédiatement en défaisant le tas et en le reformant un peu plus loin.

Après une quinzaine de jours que le tabac a ainsi passé, on défait le tas pour faire prendre l'air aux feuilles, surtout si elles avaient eu tendance à s'échauffer, et on les remet dans la même position, mais en donnant alors au tas une plus grande hauteur. Comme pour la première fois, on a bien soin de veiller à ce que la fermentation ne devienne pas trop forte ; et, si c'est nécessaire, on a recours, pour l'arrêter, au moyen que nous avons déjà signalé, c'est-à-dire qu'on défait et qu'on refait le tas.

Arrive le moment du triage, vers les mois de novembre et décembre. Cette opération, qui ne peut être faite que par des personnes habituées à ce genre de travail, ou par des ouvrières des manufactures impériales, consiste à mettre ensemble, en se basant sur la longueur, la couleur, etc., les feuilles que l'on croit devoir composer les différentes qualités établies par l'administration, 1re, 2e, 3e, et tabac non marchand, conformément aux règlements. Les feuilles vertes, celles qui sont plus ou moins avariées, doivent aussi former un lot particulier.

Nous avons déjà dit que les plus belles feuilles, celles dont la couleur et la dimension étaient plus satisfaisantes, appartenaient au haut de la tige ; les inférieures forment ordinairement les dernières qualités.

Le triage fini, on procède à la confection des *manoques*, c'est-à-dire à la confection de petits paquets de 24 feuilles chacun, attachées ensemble, à leur extrémité inférieure, par une autre feuille de même qualité et qui forme la 25e.

Enfin, ces manoques, toujours réparties selon les qualités ci-dessus indiquées, doivent être réunies en balles de 200 manoques chacune, pour être ainsi, et d'après l'ordre transmis par l'administration, transportées dans les magasins de la régie.

Dans ces magasins se fait une expertise qui range le tabac dans les classes portées par les règlements, et dont les prix sont les suivants :

1re classe ou qualité, 130 fr. les 100 kilog.
2e   —   100   —
3e   —   70   —

Tabac non marchand, 50 à 10 fr., en descendant de 10 en 10 fr. — Défectueux, brûlé.

ARTICLE III

Frais de culture et revenus probables du tabac.

S'il est un chapitre dont on doit se défier dans tout ouvrage d'agriculture, certes c'est celui dans lequel l'auteur se croit obligé, comparant la dépense au produit, de fixer le chiffre du bénéfice. Cette manière de procéder est nouvelle ; rarement les auteurs anciens en ont fait usage, et de nos jours on en a tellement abusé, que nous n'oserions nous-même y recourir, si notre intention n'était de nous borner à de simples données générales, persuadé qu'en cette occasion on ne saurait apporter trop de réserve et de prudence.

Relativement aux frais de culture, voici d'abord trois appréciations qui s'accordent assez et qui se recommandent d'ailleurs par les noms et les positions des hommes qui nous les ont fournies.

Un hectare de terre cultivé en tabac donne lieu, tout compris, à une dépense :

D'après M. P.-Ch. Joubert (1), à . . . 770 fr. 40 c

D'après M. le comte de Gasparin (2), à 697   62

D'après M. le docteur Fabre (3, à . . 664   »

Moyenne commune. . . . . 709 fr. 67 c.

---

(1) *Histoire, culture et fabrication du tabac*, 1844.

(2) *Cours d'agriculture*, t. IV, p. 317, 1844.

(3) *De l'état actuel de la culture du tabac dans le département de Lot-et-Garonne*, etc..., 1842.

Maintenant, voici sans exagération et en consultant également ce qui se produit ailleurs, ce que l'on peut espérer retirer d'un hectare de terre cultivé en tabac.

Nous calculons sur un produit brut à l'hectare de 1,160 kilog.

Ces 1,160 kilog., peuvent être répartis dans les différentes classes exposées ci-dessus et donner lieu aux chiffres qui suivent :

1/2 ou 580 k. en 1re qual. à 130 fr. les 100 k.	754f »
1/4 ou 290 — 2e — à 100 —	290 »
1/8 ou 145 — 3e — à 70 —	101 50
1/8 ou 145 en non march. à 25 —	36 25
	1,181f 75c
Frais à déduire.	709 67
Produit net (1). . .	472f 08c

On voit que le produit du tabac est subordonné à deux causes principales :

1° Le poids de la denrée obtenue ; 2° le classement de cette denrée, basé sur sa qualité.

---

(1) Nous aurions pu joindre à ces documents une note détaillée sur le même sujet, que nous avons trouvée dans nos papiers de famille, qui est l'ouvrage de notre père et qui remonte à l'année 1810 au moins.

Il résulte de cette note que le produit net d'un hectare de tabac était alors, dans le Lot-et-Garonne, en calculant ce produit aux prix des tarifs actuels, de 255 fr. 70 c.

Le poids tient à des circonstances de saison, de culture et autres sur lesquelles le cultivateur ne peut exercer qu'une action très-bornée.

La qualité rentre beaucoup plus dans sa sphère d'action : elle est presque toujours la conséquence des soins donnés au tabac après sa récolte, de l'intelligence apportée dans ces soins.

Au surplus, comme le dit M. le docteur Fabre, rien n'est variable comme le revenu du tabac. C'est ainsi que, dans le Lot-et-Garonne, on l'a vu donner en 1826, 674 fr. 88 c. à l'hectare, et, en 1833, 271 fr. 67 c. seulement.

ARTICLE IV.

Détails complémentaires sur la culture du tabac.

Nous devons encore dire un mot du parti que peut tirer l'agriculture des débris qui restent du tabac, après sa récolte et sa préparation.

D'abord, comme la portion de la tige avec les racines qui restent en terre après cette récolte, pousseraient immédiatement de nombreux et vigoureux rejetons, l'administration impose l'obligation de labourer le champ et d'enlever tous les troncs sitôt que le tabac a été coupé.

Ces troncs, dépouillés de la terre qui peut y adhérer, sont transportés dans la fosse à fumier, où ils

se pourrissent et donnent lieu à des matières précieuses comme engrais.

Quant aux tiges dont on a détaché les feuilles,
l'expérience a prouvé que, coupées en morceaux et
placées au pied de la vigne, elles communiquaient
à celle-ci une nouvelle vigueur, très-certainement
à cause de la potasse qu'elles contiennent. C'est encore à cette même potasse qu'est dû l'excellent
effet de ces mêmes tiges, quand on en répand les
débris sur les prés. Ce dernier effet trouve sa démonstration dans l'abondance, dans la teinte vert
foncé de l'herbe qui recouvre bientôt la tige de tabac
que l'on a, par mégarde ou à dessein, abandonnée
sur un pré, et qui s'y est décomposée.

Nous ne saurions non plus clore cette instruction
sans dire un mot des plants-mères, ou des pieds de
tabac destinés à fournir de la graine. Ces pieds peuvent être laissés, soit sur le champ même qui a
donné ce genre de récolte, soit dans les jardins et
sur les plates-bandes des semis. L'administration
n'en tolère que 25 par 10,000 pieds plantés, et elle
les comprend également dans ses inventaires.

Ces pieds doivent mûrir en toute liberté, sans
être dépouillés de leurs feuilles, et atteindre toute
la hauteur que comporte la plante et que la culture
arrête par l'écimage. Ils fleurissent à la fin de l'été,
et quand la graine est jugée mûre, que les capsules
qui la renferment ont pris une teinte jaunâtre, on

coupe le bouquet qu'elles forment, on achève de le faire sécher au soleil, le long d'une muraille bien exposée, et on le suspend au plancher de la chambre où l'on fait habituellement du feu, et où la graine se conserve jusqu'au printemps. D'autres préfèrent placer cette graine, préalablement bien séchée et épurée, dans des bouteilles ou dans des courges.

Dans tous les cas, la graine de tabac peut conserver longtemps sa faculté germinative : celle de deux et trois ans est aussi estimée que celle de l'année immédiatement précédente.

FIN

TABLE.

Bordeaux.-Impr. et Lib. Maison Lafargue : Coderc, Degréteau et Poujol, succ.
— Impr. de R. Degréteau et Cie.

BIBLIOTHÈQUE DU CULTIVATEUR

PUBLIÉE AVEC LE CONCOURS DU MINISTRE DE L'AGRICULTURE.

Vingt-trois volumes in-18, à 1 fr. 25 le volume, savoir :

Travaux des champs; par Victor Borie, 188 pag. et 121 grav.

Agriculteur-commerçant (Manuel de l'); par Schwerz, traduit par Villeroy. 5e édit., 332 pag.

Culture générale et Instruments aratoires; par Lefour. 1 vol. in-18 de 160 pag. et 140 grav.

Fermage (estimation, plan d'amélioration, baux); par de Gasparin, membre de l'Institut, ancien ministre de l'agriculture. 3e édit., 384 p.

Métayage (contrat, effets, améliorations); par de Gasparin. 2e édit., 166 pag.

Sol et Engrais; par Lefour. 170 pag. et 312 grav.

Engrais et Amendements; par Fouquet. 2e édit., 274 pag.

Fumiers de ferme et Composts; par Fouquet. 2e édit., 200 pag. et 19 gr.

Noir animal (Le). Analyse, emploi, vente; par Bobierre. 1 vol. 156 pag. et 7 grav.

Prairies; par Demoor. 210 pag. et 67 grav.

Plantes-Racines; par Ledocte. 1 vol. de 230 pog. et 24 grav.

Houblon; par Erath, traduit par Nicklès. 136 pag. et 22 grav.

Races bovines; par Dampierre. 2e édit., 196 pag. et 28 grav.

Bêtes bovines (L'Eleveur de); par Villeroy. 300 pag. et 60 grav.

Vaches laitières (Choix des); par Magne. 144 pag. et 39 grav.

Animaux domestiques; par Lefour. 1 vol. in-18 de 165 pag. et 57 grav.

Cheval, Ane et Mulet; par Lefour. 1 vol. de 162 pag. et 500 gr.

Cheval (Achat du); par Gayot. 1 vol. de 216 pag. et 25 grav.

Basse-cour, Pigeons et Lapins; par Mme Millet. 4e édit., 180 pag. et 31 grav.

Economie domestique; par Mme Millet. 2e édit., 524 pag. et 106 grav.

Biens-Fonds (Manuel de l'estimateur de); par Noirot. 360 pag.

Constructions et Mécaniques agricoles; par Lefour. 160 pag. et 141 grav.

Comptabilité et Géométrie agricoles; par Lefour. 204 pag. et 104 grav.

(Voir la page suivante).